百年大计　教育为本

车工工艺与技术训练

叶　星　周迅阳　主　编

张文叶　副主编

张国军　主　审

U0234570

北京理工大学出版社

BEIJING INSTITUTE OF TECHNOLOGY PRESS

图书在版编目（CIP）数据

车工工艺与技术训练／叶星，周迅阳主编. —北京：北京理工大学出版社，2020.6
（2024.1重印）

ISBN 978 – 7 – 5682 – 8523 – 0

Ⅰ. ①车…　Ⅱ. ①叶…　②周…　Ⅲ. ①车削 – 职业教育 – 教材　Ⅳ. ①TG510.6

中国版本图书馆 CIP 数据核字（2020）第 093128 号

出版发行／北京理工大学出版社有限责任公司

社　　　址／北京市海淀区中关村南大街 5 号

邮　　　编／100081

电　　　话／（010）68914775（总编室）

　　　　　　（010）82562903（教材售后服务热线）

　　　　　　（010）68948351（其他图书服务热线）

网　　　址／http：//www.bitpress.com.cn

经　　　销／全国各地新华书店

印　　　刷／唐山富达印务有限公司

开　　　本／787 毫米×1092 毫米　1/16

印　　　张／8.25　　　　　　　　　　　　　　　责任编辑／梁铜华

字　　　数／188 千字　　　　　　　　　　　　　文案编辑／梁铜华

版　　　次／2020 年 6 月第 1 版　2024 年 1 月第 3 次印刷　　责任校对／周瑞红

定　　　价／28.00 元　　　　　　　　　　　　　责任印制／李志强

江苏联合职业技术学院院本教材出版说明

　　江苏联合职业技术学院自成立以来，坚持以服务经济社会发展为宗旨、以促进就业为导向的职业教育办学方针，紧紧围绕江苏经济社会发展对高素质技术技能型人才的迫切需要，充分发挥"小学院、大学校"办学管理体制创新优势，依托学院教学指导委员会和专业协作委员会，积极推进校企合作、产教融合，积极探索五年制高职教育教学规律和高素质技术技能型人才成长规律，培养了一大批能够适应地方经济社会发展需要的高素质技术技能型人才，形成了颇具江苏特色的五年制高职教育人才培养模式，实现了五年制高职教育规模、结构、质量和效益的协调发展，为构建江苏现代职业教育体系、推进职业教育现代化做出了重要贡献。

　　我国社会的主要矛盾已经转化为人们日益增长的美好生活需要与发展不平衡不充分之间的矛盾，因此我们只有实现更高水平、更高质量、更高效益、更加平衡、更加充分的发展，才能全面实现新时代中国特色社会主义建设的宏伟蓝图。五年制高职教育的发展必须服从服务于国家发展战略，以不断满足人们对美好生活需要为追求目标，全面贯彻党的教育方针，全面深化教育改革，全面实施素质教育，全面落实立德树人根本任务，充分发挥五年制高职贯通培养的学制优势，建立和完善五年制高职教育课程体系，健全德能并修、工学结合的育人机制，着力培养学生的工匠精神、职业道德、职业技能和就业创业能力，创新教育教学方法和人才培养模式，完善人才培养质量监控评价制度，不断提升人才培养质量和水平，努力办好人民满意的五年制高职教育，为决胜全面建成小康社会、实现中华民族伟大复兴的中国梦贡献力量。

　　教材建设是人才培养工作的重要载体，也是深化教育教学改革、提高教学质量的重要基础。目前，五年制高职教育教材建设规划性不足、系统性不强、特色不明显等问题一直制约着内涵发展、创新发展和特色发展的空间。为切实加强学院教材建设与规范管理，不断提高学院教材建设与使用的专业化、规范化和科学化水平，学院成立了教材建设与管理工作领导小组和教材审定委员会，统筹领导、科学规划学院教材建设与管理工作，制定了《江苏联合职业技术学院教材建设与使用管理办法》和《关于院本教材开发若干问题的意见》，完善了教材建设与管理的规章制度；每年滚动修订《五年制高等职业教育教材征订目录》，统一组织五年制高职教育教材的征订、采购和配送；编制了学院"十三五"院本教材建设规划，组织18个专业和公共基础课程协作委员会推进了院本教材开发，建立了一支院本教材开发、编写、审定队伍；创建了江苏五年制高职教育教材研发基地，与江苏凤凰职业教育图书有限公司、苏州大学出版社、北京理工大学出版社、南京大学出版社、上海交通大学出版社等签订了战略合作协议，协同开发独具五年制高职教育特色的院本教材。

　　今后一个时期，学院将在推动教材建设和规范管理工作的基础上，紧密结合五年制高职教育发展新形势，主动适应江苏地方社会经济发展和五年制高职教育改革创新的需要，以学院 18 个专业协作委员会和公共基础课程协作委员会为开发团队，以江苏五年制高职教育教材研发基地为开发平台，组织具有先进教学思想和学术造诣较高的骨干教师，依照学院院本教材建设规划，重点编写和出版约 600 本有特色、能体现五年制高职教育教学改革成果的院本教材，努力形成具有江苏五年制高职教育特色的院本教材体系。同时，加强教材建设质量管理，树立精品意识，制订五年制高职教育教材评价标准，建立教材质量评价指标体系，开展教材评价评估工作，设立教材质量档案，加强教材质量跟踪，确保院本教材的先进性、科学性、人文性、适用性和特色性建设。学院教材审定委员会将组织各专业协作委员会做好对各专业课程（含技能课程、实训课程、专业选修课程等）教材出版前的审定工作。

本套院本教材较好地吸收了江苏五年制高职教育最新理论和实践研究成果，符合五年制高职教育人才培养目标定位要求。教材内容深入浅出，难易适中，突出"五年贯通培养、系统设计"专业实践技能经验的积累，重视启发学生思维和培养学生运用知识的能力。教材条理清楚、层次分明、结构严谨、图表美观、文字规范，是一套专门针对五年制高职教育人才培养的教材。

学院教材建设与管理工作领导小组
学院教材审定委员会
2017 年 11 月

序　言

2015 年 5 月，国务院印发关于《中国制造 2025》的通知，通知重点强调提高国家制造业创新能力，推进信息化与工业化深度融合，强化工业基础能力，加强质量品牌建设，全面推行绿色制造及大力推动重点领域突破发展等，而高质量的技能型人才是实现这一发展战略的重要途径。

为全面贯彻国家对于高技能人才的培养精神，提升五年制高等职业教育机电类专业教学质量，深化江苏联合职业技术学院机电类专业教学改革成果，并最大限度地共享这一优秀成果，学院机电专业协作委员会特组织优秀教师及相关专家，全面、优质、高效地修订及新开发了本系列规划教材，并配备了数字化教学资源，以适应当前的信息化教学需求。

本系列教材所具特色如下：

● 教材培养目标、内容结构符合教育部及学院专业标准中制定的各课程人才培养目标及相关标准规范。

● 教材力求简洁、实用，编写上兼顾现代职业教育的创新发展及传统理论体系，并使之完美结合。

● 教材内容反映了工业发展的最新成果，所涉及的标准规范均为最新国家标准或行业规范。

● 教材编写形式新颖，教材栏目设计合理，版式美观，图文并茂，体现了职业教育工学结合的教学改革精神。

● 教材配备相关的数字化教学资源，体现了学院信息化教学的最新成果。

本系列教材在组织编写过程中得到了江苏联合职业技术学院各位领导的大力支持与帮助，并在学院机电专业协作委员会全体成员的一致努力下顺利完成了出版任务。由于各参与编写作者及编审委员会专家时间相对仓促，加之行业技术更新较快，教材中难免有不当之处，敬请广大读者予以批评指正，在此一并表示感谢！我们将不断完善与提升本系列教材的整体质量，使其更好地服务于学院机电专业及全国其他高等职业院校相关专业的教育教学，为培养新时期下的高技能人才做出应有的贡献。

江苏联合职业技术学院机电协作委员会
2017 年 12 月

前　　言

近年来，随着我国职业教育的发展和人们对职业教育认识的不断深入，职业教育工作者已经认识到职业教育应以就业为导向，以能力为本位，注重学生实践能力和创新能力的培养。本书是基于车工工作岗位要求，根据教育部颁布的《高等职业学校数控技术专业教学标准（试行）》，结合《车工（初级）》国家职业资格标准编写的。本书旨在使学生据此掌握车工（初级）所需要的理论知识和工艺方法，能利用初级工职业技能标准所规定的理论知识进行车工操作，以及其他相关工作，以适应相关岗位群的需要。

本书采用"课题"的组织形式。若干个车工课题（任务）承载了课程标准所规定的全部内容，相关的理论知识和工艺方法都在一系列课题实施的过程中得到了充分运用，体现了"做中教、做中学"的职业教育教学特色。本书还充分兼顾了有关职业技能鉴定的理论知识和操作训练，加入了视频二维码，把教学重点及教学难点用视频的方式呈现，突破了书籍的扁平化，让学生的学习更加立体和便捷。

本书的主要特色有：

1. 根据车工职业能力分析，站在职业者的立场，将知识与实训内容分解为若干课题，教学过程通过各个课题的实施来完成。

2. 课题内容注意保证专业技能的递进性和完整性，根据知识目标和技能要求来设计。训练过程强调学生动手能力的培养。

3. 每个课题按工序列出了详尽的操作步骤，并制定了考核标准，可操作性强。

4. 技能训练和理论练习题精选了以往职业技能鉴定考试的题目。

5. 本书采用了大量图表，图文并茂，加入了视频二维码，优化了教学环境。

6. 教学内容同时注重培养学生的职业理念、质量意识、安全意识和合作、交流、协调能力。

使用本书的建议：

1. 由具有较强动手能力的双师型教师任教。教学中宜采用讲练结合的教学方法，由学生按照操作步骤完成训练内容，达到规定的目标。需要的相关理论知识随讲随练。

2. 提倡在技能教室上课，采用现场式、小班化的方式教学，理论与实践教学一体化。

学时分配建议

项目	教学内容	学时数
项目1	车床的操作	6
项目2	车刀的刃磨	6
项目3	车削外圆和端面	7.5

项目	教学内容	学时数
项目4	车削台阶轴	6
项目5	切断和车外沟槽	6
项目6	车削外圆锥	6
项目7	车削普通外螺纹	12
项目8	车削综合零件	10.5

本书由常州市高级职业技术学校的叶星老师担任第一主编并负责全书的统稿工作，江苏省惠山中等专业学校的周迅阳老师担任第二主编并负责视频资料整理、校对，常州市高级职业技术学校的张文叶老师担任副主编。全书各项目由以下老师分别负责编写：常州市高级职业技术学校的叶星、张文叶和白云老师分别负责项目1、项目3和项目7的编写；江苏省惠山中等专业学校的单炜、杨扬和周迅阳老师分别负责项目2、项目5和项目8的编写并进行全书的校对；江苏省太仓中等专业学校的张建涛老师负责项目4的编写；江苏省常熟中等专业学校的陆崇义老师负责项目6的编写，张国军主审。在编书过程中，得到了江苏龙城精锻有限公司、江苏国茂减速机股份有限公司以及江苏省盐城机电高等职业技术学校、江苏省常州技师学院等兄弟院校的大力支持，在此表示感谢！

由于编者水平所限，书中不足之处在所难免，恳请读者批评指正。

编　者

项目 1 车床的操作

1.1 项目提出

　　车削是制造业中最基本、最常用的加工方法。据统计，在企业中，车床占机床总数的30%～50%，由此可见车削在制造业中具有重要的地位。

　　车削的加工范围很广，主要用于加工各种回转体表面，其基本内容包括车外圆、车端面、车圆锥、切断和车槽、钻中心孔、钻孔、车孔、铰孔、车螺纹、车成形面、滚花和盘弹簧等。

　　车床的操作需要学生观察车刀、车削零件的特点和 CA6140 型卧式车床的结构组成，使车刀与其加工的零件一一对应，并能熟练掌握车床各部分的名称和功用。

1.2 项目分析

一、学习目标

（1）了解车工的基本工作内容。

（2）了解车床型号、规格、主要部件的名称和作用。

（3）掌握切削用量的选择方法，切削液的作用和选用方法。

（4）熟练掌握大滑板、中滑板、小滑板进退刀的操作要领。

（5）能通过调速手柄的调整选择不同的转速。

（6）能根据需要按照车床铭牌对各手柄位置进行调整。

（7）学会车床润滑与保养工作。

（8）了解安全文明生产的重要意义，并做到安全文明生产。

二、相关工艺知识

1. 车削的基本知识

　　车削就是操作人员在车床上根据图样的要求，利用工件的旋转运动和刀具的相对运动来改变毛坯的尺寸和形状，使它成为合格产品的一种金属切削加工方法。其中工件的旋转为主运动，刀具的移动为进给运动，如图 1 – 1 所示。车削时，工件上有已加工表面、过渡表面及待加工表面三个不断变化的表面。

（1）已加工表面：已切除多余金属层而形成的新表面。

（2）过渡表面：车刀切削刃在工件上形成的新表面。它将在工件的下一转里被切除。

（3）待加工表面：工件上有待切除多余金属层的表面。它可能是毛坯表面或加工过的表面。

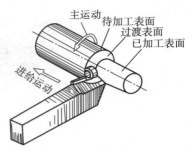

图 1 – 1　车削运动和工件上的表面

2. 车床的型号

机床型号是机床的产品代号，它由汉语拼音字母和阿拉伯数字组成。型号中有固定含义的字母，按对应的汉字读音，无固定含义的字母，按汉语拼音字母读音。例如，CM6140A 读作"车密 6140A"，C620 – 1 读作"车 620 杠一"。

机床型号由机床的类代号、特性代号、组代号、系代号、主参数的折算值及重大改进顺序号等部分组成。我国的机床型号是根据《金属切削机床型号编制方法》编制而成的。例如 CA6140 中，C 表示车床（类代号），A 表示结构特性代号，61 表示卧式车床（组、系代号），40 表示车床上加工最大回转直径的 1/10（主参数）。

对于以前已生产的机床，仍沿用原型号。例如 C616 中，C 表示车床，6 表示车床类第六组（因为以前没有系别），16 表示床面到主轴中心高的 1/10。

3. CA6140 型卧式车床

CA6140 型卧式车床是我国在 C620 – 1 的基础上自行设计的一种应用广泛的车床，CA6140 型卧式车床的外形如图 1 –2 所示。

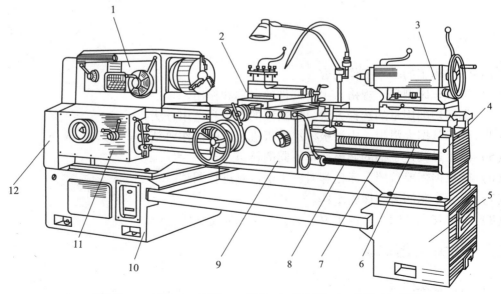

1—主轴箱；2—刀架；3—尾座；4—床身；5—后床脚；6—丝杠；7—光杠；
8—操纵杆；9—溜板箱；10—前床脚；11—进给箱；12—交换齿轮箱。

图 1 –2　CA6140 型卧式车床

CA6140型卧式车床各部分的名称和用途：

（1）主轴箱：主轴箱旧称床头箱，主要用来支承主轴并通过变换主轴箱外部手柄的位置（变速机构）使主轴获得多种转速。装在主轴箱里的主轴是一空心轴，用来通过较长的棒料。主轴通过装在其端部的卡盘或其他夹具带动工件旋转，以实现车削加工。

（2）交换齿轮箱：交换齿轮箱旧称挂轮箱，是把主轴的转动传给进给箱，调换箱内的齿轮并与进给箱相配合，可获得各种不同纵、横向的进给量或加工各种不同螺距的螺纹。

（3）进给箱：进给箱旧称走刀箱，主轴的转动通过进给箱内的齿轮机构传给光杠或丝杠。变换箱体外面的手柄位置，可使光杠或丝杠得到不同的转速。

（4）溜板箱：通过其中的转换机构将光杠或丝杠的转动变为床鞍的移动，经床鞍实现车刀的纵向或横向进给运动。床鞍使车刀做纵向运动；中滑板使车刀做横向运动；小滑板纵向车削短工件或绕中滑板转过一定角度来加工物体，也可以实现刀具的微调。

（5）刀架：刀架用来装夹刀具并使其做纵向、横向或斜向进给运动。它由床鞍、中滑板、转盘、小滑板、方刀架几个部分组成。

（6）尾座：尾座安装在床身右端的导轨上，其位置可根据需要左右调节。它的作用是安装后顶尖以支撑较长工件和安装各种刀具。

（7）床身：床身是车床的基础零件，用来支承和安装车床的各个部件，以保证各部件间有准确的相对位置，并承受全部切削力。床身上有精确的导轨，用以引导床鞍和尾座的移动。

（8）床脚：前后两个床脚与床身前后两端下部连为一体，用来支承安装在床身上的各个部件。同时通过地脚螺栓和调整垫块使整台车床固定在工作场地上，并将床身调整到水平状态。

此外，还有冷却润滑装置、照明装置及盛液盘等。

4. 车床润滑与保养

1）车床的润滑

为保证车床的正常运转并减小摩擦，必须对车床上面需减小摩擦力的部分进行充分的润滑。车床不同部位应采用不同的润滑方式。

车床上常用的润滑方式有浇油润滑、油绳导油润滑、弹子油杯注油润滑、黄油杯润滑、油泵输油润滑等。

2）车床的保养

车工不仅要操作车床，还要爱护车床、保养车床。车床保养的好坏直接影响到加工质量的好坏和生产效率的高低。为保证车床精度、延长车床使用寿命，必须对车床进行合理的保养。保养方式如下：

（1）每天工作后，应切断电源，对车床各表面、各罩壳、导轨面、丝杠、光杠、各操纵手柄和操纵杆进行擦拭，做到无油污、无铁屑、车床外表面清洁。

（2）要求每周保养床身导轨面和中、小滑板导轨面，并对转动部分进行清洁、润滑。要求油眼畅通、油标清晰，清洗油绳和保护油毛毡，保持车床外表面清洁和工作场地整洁。

（3）车床运行500 h后，需要进行一级保养。一级保养应该以操作工人为主、维修工人配合进行。保养的主要内容是清洗、润滑以及进行必要的调整。

5. 切削液

车削过程中合理地选择切削液可减少车削过程中的摩擦力，降低切削温度，减少工件的热变形，并降低其表面粗糙度值，保证加工精度，延长车刀使用寿命和提高生产效率。

1）切削液的作用

（1）冷却作用。切削液可带走车削时产生的大量热量，改善切削条件，起到冷却工件和刀具的作用。

（2）润滑作用。切削液可渗透到工件表面和刀具后刀面之间、切屑与刀具前刀面之间的微小间隙中，减小工件与后刀面和切屑与前刀面之间的摩擦力。

（3）清洗作用。切削液有一定的动能，可把粘到工件和刀具上的细小切屑冲掉，防止拉毛工件，起到清洗作用。

（4）防锈作用。切削液中加入防锈剂，可保护工件、车床、刀具免受腐蚀，起到防锈作用。

2）切削液的种类

常见的切削液有乳化液和切削油两种。

（1）乳化液是由乳化油加注 15～20 倍的水稀释而成的。乳化液的特点是比热容大、黏度小、流动性好，可吸收大部分切削热，主要起冷却作用。

（2）切削油的特点是比热容小、黏度大、流动性差，主要起润滑作用。切削油的主要成分是矿物油，常用的有全损耗系统油、煤油、柴油等。

3）切削液的选择

切削液应根据工件材料、刀具材料、加工性质和工艺要求进行合理选择。

（1）粗加工时，切削深、进给快、产生热量多，所以应选以冷却为主的乳化液。

（2）精加工主要是为了保证工件的精度、减少表面粗糙度和延长刀具使用寿命，应选择以润滑为主的切削液。

（3）使用高速钢车刀应加注切削液，使用硬质合金车刀一般不加注切削液。

（4）车削脆性材料（如铸铁）时，一般不加注切削液，若加则只能加注煤油。

（5）车削镁合金时，为防止其燃烧起火，不加注切削液，若必须冷却，应用压缩空气进行冷却。

6. 安全文明生产

坚持安全文明生产是生产工人和设备安全、防止人身伤害和设备事故的根本保证，同时也是工厂科学管理的一项十分重要的手段。它直接影响到人身安全、产品质量和生产效率，影响设备和工、夹、量具的使用寿命和操作工人技术水平的正常发挥。安全文明生产的一些具体要求是在长期生产实践活动中的经验总结，要求操作者必须严格执行。

1）安全生产

（1）工作时，应穿工作服、戴套袖，女同志应戴工作帽，将长发塞入帽子里。夏季禁止穿裙子、短裤和凉鞋上机操作。

（2）工作时，头不能离工件太近；为防止切屑飞入眼中，必须戴防护眼镜。

（3）工作时，必须集中精力，注意手、身体和衣服不能靠近正在旋转的部分，如工件、带轮、传动带、齿轮等。

（4）工件和车刀必须装夹牢固，以防飞出伤人。卡盘应装有保险装置。装夹好工件后，卡盘扳手必须随即从卡盘上取下。

（5）凡装卸工件、更换刀具、测量加工表面及变换速度时，必须先停车。

（6）车床运转时，禁止用手去触摸工件表面，尤其是加工螺纹时，严禁用手抚摸螺纹面，以免受伤。严禁用棉纱擦抹转动的工件。

（7）应用专用铁钩清除切屑，绝不允许用手直接清除。

（8）在车床上操作不允许戴手套，不允许用手去刹住转动着的卡盘。

（9）不要随意拆装电气设备，以免发生触电事故。

（10）工作中若发现机床、电气设备有故障，应及时申报，由专业人员检修，未修复不得使用。

2）文明生产

（1）开车前检查车床各部分机构及防护设备是否完好、各手柄是否灵活、位置是否正确，检查各注油孔，并进行润滑；使主轴低速空运转 1~2 min，待车床运转正常后才能工作。若发现车床有故障，应立即停车并申报检修。

（2）主轴变速必须先停车，操作进给箱手柄要在低速下进行。为保持丝杠的精度，除切削螺纹外，不得使用丝杠进行机动进给。

（3）刀具、量具及工具等的放置要稳妥、整齐、合理，有固定的位置，便于操作时取用，用后应放回原处。在主轴箱盖上不应放置任何物品。

（4）工具箱内应分类摆放工具。高精度的工具应放置稳妥，重物放下层，轻物放上层，不可随意乱放，以免损坏和丢失。

（5）正确使用和爱护量具。经常保持清洁，用后擦净、涂油、放入盒内，并及时归还到工具室。对所使用量具必须定期校验，以保证其测量准确。

（6）不允许在卡盘及床身导轨上敲击或校直工件，在床面上不准放置工具或工件。装夹、找正较重工件时，应用木板保护床面。下班时若工件不卸下，应用千斤顶支撑。

（7）车刀磨损后，应及时刃磨。不允许用钝刃车刀继续车削，以免增加车床负荷，损坏车床，影响工件表面的加工质量和生产效率。

（8）批量生产的零件，首检应送检验部门，在确认合格后，方可继续加工。精车工件要注意防锈处理。使用切削液前，应在床身导轨上涂抹润滑油。

（9）毛坯、半成品和成品应分开放置。半成品和成品应堆放整齐，轻拿轻放，严防碰伤已加工表面。工作场地周围应保持清洁整齐。

（10）图样、工艺卡应放置在便于阅读的位置，并注意保持其清洁和完整。工作完毕后，将所用过的物件擦净归位，清理机床，刷去切屑，擦净机床各部位的油污；按规定加注润滑油，最后把机床周围打扫干净；将床鞍摇至床尾一端，各转动手柄放到空挡位置，关闭电源。

1.3 项目实施

在 CA6140 400×1000 型号车床上，进行如下操作训练。

一、训练要求

（1）时间：车床调整、操作共计 6 h。

（2）车床操作站位正确，操作熟练，切削用量调整正确。

（3）教学组织要求：指定每人使用一台车床，按照操作步骤组织学习。

二、训练内容

1. 主轴箱的变速操作训练

（1）调整主轴转速至 10 r/min、450 r/min、1 120 r/min。

（2）选择车削右旋螺纹和车削左旋加大螺距螺纹的手柄位置。

2. 进给操作训练

（1）确定车削螺距 1 mm、1.5 mm、2 mm 的米制螺纹，调整进给箱上的手轮与手柄位置。

（2）确定选择纵向进给量为 0.46 mm/r 和横向进给量为 0.64 mm/r 时，调整手轮与手柄位置。

3. 刻度盘及分度盘的操作训练

（1）操作刀架纵向进给 250 mm。

（2）操作刀架横向进给 0.25 mm。

三、操作步骤

根据要求，编写操作步骤。

1. 主轴变速操作训练步骤

不同型号、不同厂家生产的车床，其主轴变速操作不尽相同，可参考相关的车床说明书来进行。下面以 CA6140 型卧式车床的主轴变速操作方法为例进行说明。

CA6140 型卧式车床主轴变速是通过改变主轴箱正面右侧两个叠套手柄的位置来控制的，如图 1－3 所示。直手柄有 6 个挡位（其中有 2 个是空挡位），每个挡位有 4 级转速，若要选择其中某一转速，可通过前面的弯手柄来控制。

图 1－3　主轴箱变速挡位

主轴箱正面左侧的手柄是加大螺距及进行螺纹左、右旋向变换的操纵机构，它有4个挡位，左上挡位用于车削左旋标准螺距螺纹，右上挡位用于车削右旋标准螺距螺纹，左下挡位用于车削左旋加大螺距螺纹，右下挡位用于车削右旋加大螺距螺纹。以下举例说明主轴箱手柄的操作方法。

　　（1）主轴转速调整至10 r/min 的调整方法：将主轴箱右侧直手柄旋到天蓝色方框的位置，弯手柄旋转到有数字"10"的这组数字内圈的小箭头位置。此时，主轴转速即10 r/min。手柄位置如图 1-4 所示。

图 1-4　主轴转速为 10 r/min 时的手柄位置

　　（2）主轴转速调整至450 r/min 的调整方法：将主轴箱右侧弯手柄旋转到有数字"450"的这组数字内圈的小箭头位置，直手柄旋转到红色方框的位置，此时，主轴转速为450 r/min。手柄位置如图 1-5 所示。

图 1-5　主轴转速为 450 r/min 时的手柄位置

　　（3）主轴转速调整至 1 120 r/min 的调整方法：将主轴箱右侧弯手柄旋转到有数字"1120"的这组数字内圈的小箭头位置，直手柄旋转到红色方框的位置，此时，主轴转速为1 120 r/min。手柄位置如图 1-6 所示。

图 1-6　主轴转速为 1 120 r/min 时的手柄位置

　　（4）右旋螺纹手柄位置的调整方法：将手柄旋转到"1/1"箭头向左指向的位置，即加工右旋螺纹的手柄位置。手柄位置如图 1-7 所示。

　　（5）右旋加大螺距螺纹手柄位置的调整方法：将手柄旋转到"X/1"箭头向左的位置，即加工右旋加大螺距螺纹的手柄位置。手柄位置如图 1-8 所示。

图 1-7　右旋螺纹的手柄位置

图 -8　右旋加大螺距螺纹的手柄位置

　　2. 进给箱操纵训练步骤

　　CA6140 型卧式车床的进给箱正面左侧有一个手轮，右侧有一个叠套手柄。叠套直手柄有 A、B、C、D 4 个挡位，叠套弯手柄有Ⅰ、Ⅱ、Ⅲ、Ⅳ、Ⅴ 5 个挡位。

　　叠套直手柄是丝杠、光杠的变换手柄，叠套手柄与左侧有 8 个挡位的手轮相配合，用以调整螺距及进给量。实际操作应根据加工要求，查找进给箱油池盖上的螺纹和进给量调配表来确定手轮和手柄的具体位置，如图 1-9（a）所示。

　　1）车削螺距为 1 mm、1.5 mm、2 mm 的米制螺纹时进给箱上的手轮与手柄位置调整方法

（1）车削螺距为 1 mm 的米制螺纹时，首先按照进给箱油池盖上的螺纹和进给量调配表 [图 1 – 9（a）] 中 1 mm 螺距所对应的数据，将左侧手轮旋转到 "3" 的位置，右侧直手柄旋转到 "B" 的位置、弯手柄对准 "Ⅰ" 的位置 [图 1 – 9（b）]，则所车螺纹螺距为米制 1 mm。

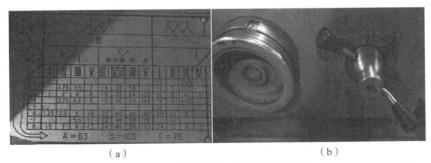

（a）　　　　　　　　　　　　（b）

图 1 – 9　进给箱操作手柄及其调配表 1

（2）车削螺距为 1.5 mm 的米制螺纹时，首先按照进给箱油池盖上的螺纹和进给量调配表 [图 1 – 10（a）] 中 1.5 mm 螺距所对应的数据，将左侧手轮旋转到 "8" 的位置，右侧直手柄旋转到 "B" 的位置、弯手柄对准 "Ⅰ" 的位置 [图 1 – 10（b）]，则所车螺纹螺距为米制 1.5 mm。

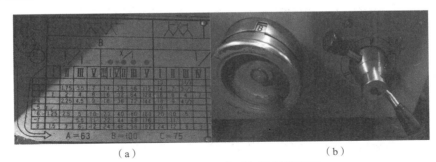

（a）　　　　　　　　　　　　（b）

图 1 – 10　进给箱操作手柄及其调配表 2

（3）车削螺距为 2 mm 的米制螺纹时，首先按照进给箱油池盖上的螺纹和进给量调配表 [图 1 – 11（a）] 中 2 mm 螺距所对应的数据，将左侧手轮旋转到 "3" 的位置，右侧直手柄旋转到 "B" 的位置、弯手柄对准 "Ⅱ" 的位置 [图 1 – 11（b）]，则所车螺纹螺距为米制 2 mm。

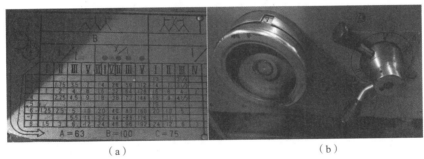

（a）　　　　　　　　　　　　（b）

图 1 – 11　进给箱操作手柄及其调配表 3

2）要求纵向进给量为 0.46 mm/r、横向进给量为 0.64 mn/r 时手轮与手柄位置的调整方法

（1）纵向进给量为 0.46 mm/r 时，首先按照进给箱油池盖上的进给量调配表（图 1 - 12）中 0.46 mm 进给量所对应的数据，将左侧手轮旋转到"4"的位置，将右侧直手柄旋转到"A"的位置，将弯手柄对准"Ⅲ"的位置（图 1 - 13），则此时的进给量为 0.46 mm/r。

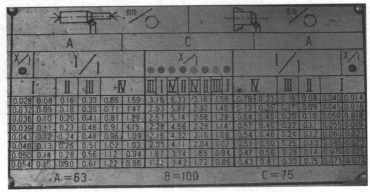

图 1 - 12 油池盖上的进给量调配表

图 1 - 13 进给箱操作手柄 1

（2）横向进给量为 0.64 mm/r 时，首先按照进给箱油池盖上的进给量调配表（图1 - 12）中 0.64 mm 进给量所对应的数据，将左侧手轮旋转到"3"的位置，将右侧直手柄旋转到"A"的位置，将弯手柄对准"Ⅳ"的位置（图 1 - 14），则此时的进给量为 0.64 mm/r。

图 1 - 14 进给箱操作手柄 2

3. 刻度盘的操作训练步骤

溜板箱正面的大手轮轴上的刻度盘分为 300 格，每转过 1 格，表示床鞍纵向移动 1 mm，如图 1-15 所示。

图 1-15　大手轮刻度盘

中滑板丝杠上的刻度共 100 格，每转过 1 格，表示刀架横向移动 0.05 mm。

小滑板丝杠上的刻度共 100 格，每转过 1 格，表示刀架纵向移动 0.05 mm。

小滑板上的分度盘在刀架需斜向进给加工短锥体时，可顺时针或逆时针在 90°范围内转过某一角度。使用时，先松开锁紧螺母，转动小滑板至所需要的角度后，再拧紧锁紧螺母以固定小滑板。

（1）操作刀架向左纵向进给 250 mm：先将大手轮刻度盘对准"0"刻度线，如图 1-16（a）所示；然后，摇动手轮使床鞍向左纵向移动，使刻度盘上的数字"250"对准基线，如图 1-16（b）所示。此时刀架完成纵向进给 250 mm。

（a）　　　　　　　　　　　　　（b）

图 1-16　大手轮刻度盘调整

（2）操作刀架横向进给 2.5 mm：将中滑板刻度盘对准"0"刻度线，如图 1-17（a）所示；顺时针转动手轮使刀架横向移动，使刻度盘转 50 格对准基线，如图 1-17（b）所示。此时刀架完成横向进给 2.5 mm。

注意：

①此时中滑板进给距离为半径方向，而图纸一般标注直径尺寸，故此时实际切削加工后的直径尺寸要减少 5 mm。

②进给前要先逆时针转动手轮消除中滑板丝杠螺母的空行程，再以"0"刻度线为起点，顺时针转动手轮调整刻度盘的进给量。

（a）　　　　　　　　　　　　　　　　　（b）

图1-17　中滑板刻度盘调整

二维码1-1　　　　　　　　　　二维码1-2
变换转速视频　　　　　　　　变换进给量视频

1.4　项目总结

一、考核标准

本项目的考核标准，见表1-1。

表1-1　考核标准

考核内容	考核标准	配分	得分	评价结果
车床组成部分	答对3点得10分	20		
变换转速	错一个扣10分	20		
调整进给量	错一个扣10分	20		
车床润滑方式	答对3点得10分	20		
大、中滑板进退刀练习	对3个动作得10分	20		
总分				
实习表现（50%）	遵守纪律、认真训练			
总评价等第	（优、良、合格、不合格）			

二、注意事项

（1）服从教师的统一调配，不要随意开动或扳动机床开关或手柄。

（2）在学习过程中同一小组的同学之间协调一致，各小组之间要相互配合。

（3）传递工件、刀具时要轻拿轻放，避免损坏或伤人。

1.5 拓展案例

一、拓展训练内容

在 CA6140 400×1000 型号车床上，进行如下操作训练：

（1）三爪自定心卡盘卡爪的拆装。

（2）自动进给的操作训练。

①做床鞍左、右两个方向快速纵向进给训练。

②做中滑板前、后两个方向快速横向进给训练。

（3）开合螺母操作手柄的训练。

①不扳下开合螺母操作手柄，观察溜板箱的运动状态。

②扳下开合螺母操作手柄后，再观察溜板箱是否按选定的螺距做纵向运动。体会开合螺母操作手柄压下与扳起时的手感。

③先横向退刀，然后快速右向退刀，实现车完螺纹后的快速退刀。

（4）尾座的操作训练。

二、操作步骤

1. 三爪自定心卡盘卡爪的拆装

1）三爪自定心卡盘

三爪自定心卡盘是车床上广泛应用的一种通用夹具，其结构如图 1－18 所示。其主要由外壳体、卡爪、小锥齿轮和大锥齿轮等零件组成。当卡盘扳手插入小锥齿轮的方孔中转动时，小锥齿轮就带动大锥齿轮转动，大锥齿轮的背面是平面螺纹，卡爪背面的螺纹与平面螺纹啮合，从而驱动三个卡爪同时沿径向运动以夹紧或松开工件。

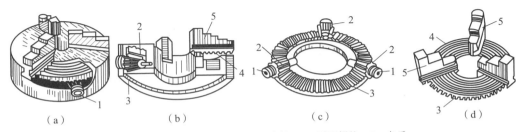

（a）　　　　（b）　　　　（c）　　　　（d）

1—方孔；2—小锥齿轮；3—大锥齿轮；4—平面螺纹；5—卡爪。

图 1－18　三爪自定心卡盘的结构

三爪自定心卡盘能自动定心，装夹工件方便、快捷，但夹紧力不如四爪单动卡盘大。一般用于精度要求不是很高、形状规则（如圆柱形、正三边形、正六边形等）的中、小工件的装夹。三爪自定心卡盘规格用外形尺寸来表示，常用的有 150 mm、200 mm、250 mm等。

2）三爪自定心卡盘卡爪的拆装

（1）卡爪有正、反两副，正卡爪用于装夹外圆直径较小和内孔直径较大的工件；反卡爪用于装夹外圆直径较大的工件。

（2）安装卡爪时，要按卡爪上的号码依1、2、3的顺序装配。若号码看不清，则可把三个卡爪并排放在一起，比较卡爪端面螺纹牙数的多少，多的为1号卡爪，少的为3号卡爪，如图1-19（a）所示。

（3）将卡盘扳手的方榫插入卡盘外壳圆柱面上的方孔中，按顺时针方向旋转，以驱动大锥齿轮背面的平面螺纹。当平面螺纹的螺扣转到将要接近壳体上的1槽时，将1号卡爪插入壳体槽内。继续顺时针转动卡盘扳手，在卡盘壳体上的2槽、3槽处依次装入2号、3号卡爪，如图1-19（b）所示。拆卸卡爪的操作方法与之相反。

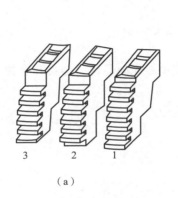
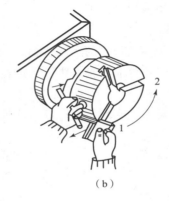

（a）　　　　　　　　　　　　（b）

图1-19　卡爪的安装

（a）卡爪端面的螺纹；（b）卡爪的安装

二维码1-3

三爪自定心卡盘卡爪拆装视频

2. 自动进给的操作训练

（1）床鞍左右纵向和中滑板前后横向机动进给训练。溜板箱右侧有一个带十字槽的扳动手柄，是刀架实现纵向、横向机动进给和快速移动的集中操纵机构。该手柄的顶部有一个快进按钮，是控制接通快速电动机的按钮，当将其按下时，快速电动机工作，放开时，快速电动机停止转动。刀架运动的方向与手柄扳动方向一致，操作方便。当将手柄扳至纵向进给位置，且按下快进按钮时，床鞍将做快速纵向移动；当将手柄扳至横向进给位置，且按下快进按钮时，中滑板带动小滑板和刀架做横向快速移动，如图1-20、图1-21所示。注意：按下快速按钮，只能用于快速移动，不能进行切削加工。

（2）床鞍左、右两个方向的自动纵向进给训练。将手柄向床头方向扳动［图1-22（a）］，床鞍自动向左移动；将手柄向床尾方向扳动［图1-22（b）］，床鞍自动向右移动。

将手柄向前方扳动［图1-23（a）］，中滑板向前横向机动进给；将手柄向后方扳动［图1-23（b）］，中滑板向后横向机动进给。

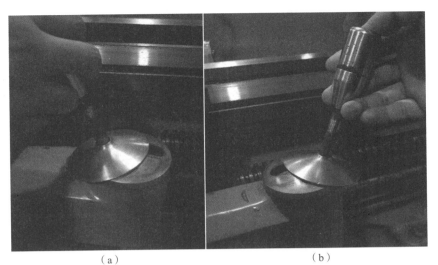

（a） （b）

图1-20 床鞍纵向（左、右）快速进给

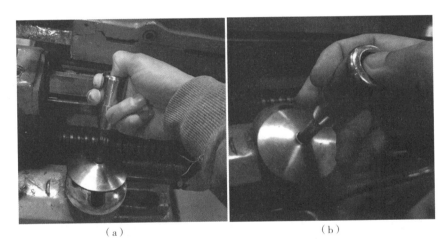

（a） （b）

图1-21 中滑板横向（前、后）快速进给

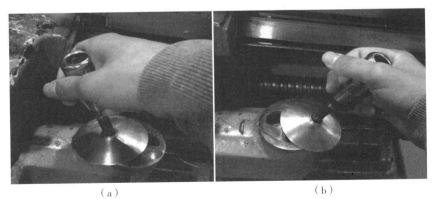

（a） （b）

图1-22 床鞍纵向（左、右）机动进给

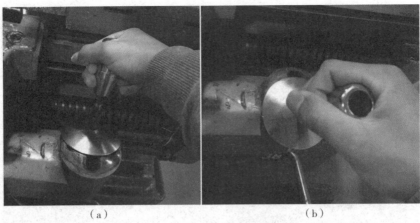

（a）　　　　　　　　　　　（b）

图 1－23　中滑板横向（前、后）机动进给

3. 开合螺母操作手柄的训练

开合螺母操作手柄在溜板箱正面右侧，专门控制丝杠与溜板箱之间的连接。一般情况下，车削非螺纹表面时，丝杠与溜板箱之间无运动联系，开合螺母处于开启状态，该手柄位于上方，如图 1－24（a）所示。当需要车削螺纹时，扳下开合螺母操作手柄，将丝杠运动通过开合螺母的闭合传递到溜板箱，并使溜板箱按一定的螺距（或导程）做纵向进给，如图 1－24（b）所示。车完螺纹后，需将该手柄扳回原位。

二维码 1－4
自动进给视频

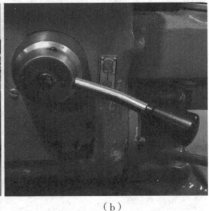

（a）　　　　　　　　　　　（b）

图 1－24　开合螺母的调整

（1）不扳下开合螺母操作手柄，观察溜板箱的运动状态。当不扳下开合螺母手柄时，丝杠旋转，但溜板箱不运动。

（2）扳下开合螺母操作手柄后，观察溜板箱是否按选定的螺距做纵向运动，在此过程中体会开合螺母操作手柄压下与扳起时的手感。

当扳下开合螺母操作手柄时，丝杠旋转，溜板箱按事先选定的螺距做纵向运动。

（3）利用正反转车削螺纹方法，先横向退刀，然后快速右向运动，此过程可实现车完螺纹后的快速退刀。

左手操纵中滑板手轮快速逆时针旋转，使刀架横向退刀；右手将控制杆快速下压，主轴反转，溜板箱向右快速退出。注意：在训练这项操作时，必须在低速状态下进行。

4. 尾座的操作训练

尾座可在床身内侧的山形导轨和平导轨上纵向移动，依靠尾座架上的两个锁紧螺母可使尾座固定在床身上的任一位置。

尾座架上有左、右两个长把手柄。左边手柄为尾座套筒固定手柄，顺时针旋转此手柄，可使尾座套筒固定在某一位置。右边手柄为尾座快速紧固手柄，向身边拉紧手柄可使尾座快速地固定于床身的某一位置。

松开尾座架左边手柄（逆时针转动手柄），转动尾座右端的手轮，可使尾座套筒做进退移动。

三、拓展练习

1. 填空题

（1）CA6140型卧式车床的床身最大工件回转直径为_____ mm。

（2）开合螺母的功用是_____或断开丝杠传来的运动。

（3）蜗杆可分为圆柱蜗杆和_____面蜗杆两大类。

（4）砂轮是由磨料和_____黏结成的多孔物体。

（5）砂纸由_____、结合剂和磨粒组成。

2. 判断题

（1）从切削用量方面考虑，对刀具寿命影响最大的是切削速度。　　　　　　（　　）

（2）在加工中，用作定位的基准称为工艺基准。　　　　　　　　　　　　（　　）

（3）尺寸链封闭环的基本尺寸，是其他各组成环基本尺寸的代数差。　　　（　　）

（4）切向抗力 F_y 是纵向进给方向的力，又称为轴向力。　　　　　　　　（　　）

（5）车削时，热量大部分由切屑传导。　　　　　　　　　　　　　　　　（　　）

项目 2 车刀的刃磨

2.1 项目提出

在金属切削加工中，车工是一个非常重要的工种。俗话说："三分手艺，七分刀具。"一个好的车工能够根据切削条件的不同刃磨出具有合理几何角度的车刀，这在切削加工中是至关重要的，对保证产品质量和提高劳动生产率都具有极其重要的意义。因此，掌握车刀的几何角度，合理地刃磨车刀，正确选择和使用车刀，是学好车工的重要内容之一。

2.2 项目分析

一、学习目标

（1）了解常用车刀的材料和种类。
（2）掌握车刀的几何角度。
（3）掌握车刀的刃磨方法与要领，能按照刀具的几何参数正确刃磨刀具。
（4）能熟练使用正确的装夹方法装夹工件、刀具。

二、相关工艺知识

1. 车刀的材料

1）高速钢
高速钢如图 2-1 所示。

（a）   （b）

图 2-1 高速钢
（a）高速钢刀片；（b）高速钢车刀

高速钢是含钨（W）、钼（Mo）、铬（Cr）、钒（V）等合金元素较多的合金工具钢。高速钢具有较好的强度和韧性，故能承受较大的冲击力；其刃磨性能好，容易获得锋利的刃口。常用于制造形状复杂的成形刀具，如成形车刀、螺纹刀具、钻头、铰刀等。但高速钢的耐热性较差，因而不能用于高速切削。

高速钢的类别、常用牌号及性质如表2－1所示。

表2－1 高速钢的类别、常用牌号及性质

类别	常用牌号	性质
钨系	W18Cr4V（18－4－1）	性能稳定，刃磨及热处理工艺控制较方便
钨钼系	W6Mo5Cr4V2（6－5－4－2）	高温塑性与冲击韧度都超过W18Cr4V钢，而其切削性能却大致相同
	W9Mo3Cr4V（9－3－4－1）	强度和韧性均优于W6Mo5Cr4V2钢，高温塑性和切削性能良好

2）硬质合金

硬质合金如图2－2所示。

（a）　　　　　　　（b）　　　　　　　（c）

图2－2 硬质合金

硬质合金是目前应用最广的车刀材料，其硬度、耐磨性和耐热性均优于高速钢，能进行高速切削。其缺点是强度韧性较差，在冲击力作用下容易崩裂。

硬质合金的类别、用途、性能和代号，如表2－2所示。

表2－2 硬质合金的类别、用途、性能和代号

类别	用途	ISO代号	耐磨性	韧性	适用加工阶段	国家标准代号
K类（钨钴类）	适用于加工铸铁、有色金属等脆性材料或冲击性较大的场合。在切削难加工或振动较大（如断续切削塑性金属）的特殊情况下也较适用	K01	↑	↓	精加工	YG3
		K10			半精加工	YG6
		K20			粗加工	YG8
P类（钨钛钴类）	适用于加工钢或其他韧性较好的塑性金属，不宜用于加工脆性金属	P01	↑	↓	精加工	YT30
		P10			半精加工	YT15
		P30			粗加工	YT5

类别	用途	ISO 代号	性能		适用加工阶段	国家标准代号
			耐磨性	韧性		
M类（钨钛钽铌钴类）	既可加工铸铁、有色金属，又可加工碳素钢、合金钢，故又称为通用合金。主要用于加工高温合金、高锰钢、不锈钢以及可锻铸铁、球墨铸铁、合金铸铁等难加工材料	M10	↑	↓	精加工、半精加工	YW1
		M20			半精加工、粗加工	YW2

2. 常用车刀的种类和用途

1）车刀的种类

常用车刀介绍：外圆车刀、端面车刀、切断车刀、内孔车刀、圆头车刀、螺纹车刀、硬质合金可转位车刀等。

2）用途

90°车刀（偏刀）：用来车削工件的外圆、台阶和端面，如图2-3（a）所示。

45°车刀（弯头车刀）：用来车削工件的外圆、端面和倒角，如图2-3（b）所示。

（a）　　　　　　　　　　（b）

图2-3　90°车刀和45°车刀

切断车刀：用来车削工件或在工件上切槽。

内孔车刀：用来车削工件的内孔。

圆头车刀：用来车削工件的圆弧面或成形面。

螺纹车刀：用来车削螺纹。

3. 车刀的组成

车刀由刀头（或刀片）和刀柄两部分组成。刀头担负切削工作，故又称切削部分，其组成如图2-4所示；刀柄用于车刀的装夹。

（1）前刀面：刀具上切屑流经的表面称为前刀面，也称前面。

（2）主后刀面：与工件上过渡表面相对的刀面称为主后刀面。

（3）副后刀面：正对着已加工表面的面称为副后刀面。

（4）主切削刃：前刀面和主后刀面的交线称为主切削刃。它担负着主要的切削工作。

（5）副切削刃：前刀面和副后刀面的交线称为副切削刃。它配合主切削刃完成少量的切削工作。

（6）刀尖：主切削刃和副切削刃相交的一个点。

总结为："三面二刃一刀尖"。

注意：45°车刀就有四个刀面、三条切削刃、两个刀尖。此外，切削刃可以是直线，也可以是曲线。

4. 确定车刀角度的辅助平面

为了确定和测量车刀的角度，需要假想以下三个辅助平面作为基准（表2-3）。

图2-4 刀头的组成

表2-3 车刀辅助平面

名称	代号	概念	图示
基面	P_γ	通过切削刃上某选定点，垂直于该点主运动方向的平面称为基面。对于切削，一般可认为基面是水平面	
切削平面	P_s	通过切削刃上某选定点，与切削刃相切并垂直于基面的平面。其中，选定点在主切削刃上的为主切削平面，选定点在副切削刃上的为副切削平面，切削平面一般是主切削平面。对于车削，一般可认为切削平面是铅垂面	

名称	代号	概念	图示
正交平面	P_o	通过切削刃上某选定点，并同时垂直于基面和切削平面的平面，也可以认为是指通过切削刃上的某选定点，垂直于切削刃在基面上投影的平面。其中，通过主切削刃上某一点的正交平面简称为主正交平面 P_o，通过副切削刃上某一点的正交平面称为副正交平面 P_o'。对于车削，一般可认为正交平面是铅垂面	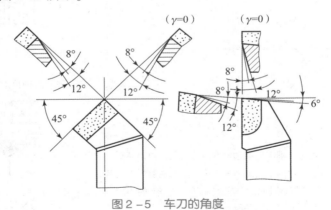

5. 车刀的角度

车刀的角度如图 2-5 所示。

图 2-5 车刀的角度

1）前角

前角 γ_o 指前刀面与基面的夹角。前角影响刃口的锋利程度和强度，影响切削变形和切削力，前角增大能使车刀刃口锋利，减小切削变形程度，可使切削省力，并使切屑顺利排出，负前角能增加切削力强度并耐冲击。

初步选择：车削塑性材料（如钢料）或工件材料较软时，可选择较大的前角；车削脆性材料（如铸铁）或工件材料较硬时，可选择较小的前角。

2）后角

（1）主后角 α_o 指主后刀面与切削平面间的夹角，可减小车刀主后刀面和工件过渡表面的摩擦。

初步选择：粗加工时，应选取较小的后角；精加工时，应选取较大的后角。工件材料较硬时，后角宜取小值；工件材料较软时，后角可取大值。

（2）副后角 α_o'。指副后刀面与切削平面间的夹角，可减小车刀副后刀面和工件已加工表面的摩擦。

初步选择：副后角一般磨成与主后角 α_o 相等，但切断车刀的副后角应取较小值，一般为 $1° \sim 2°$。

3）主偏角

主偏角 κ_r 指主切削刃在基面上的投影与进给方向的夹角。其作用是改变主切削刃和刀头的受力及散热情况。

初步选择：根据工件形状，如加工台阶轴，必须选取 $\kappa_r \geq 90°$；加工中间切入的工件表面时，一般选用 $\kappa_r = 45° \sim 60°$。根据工件的刚度和材料，如刚度高或工件的材料较硬时，应选取较小的主偏角；反之，应选取较大的主偏角。

4）副偏角

副偏角 κ_r' 指副切削刃在基面上的投影与进给方向的反方向的夹角。其主要作用是减小副切削刃与工件已加工表面的摩擦。

初步选择：副偏角一般采用 $\kappa_r' = 6° \sim 8°$。加工中间切入的工件表面时副偏角应取 $\kappa_r' = 45° \sim 60°$。

5）刃倾角

刃倾角 λ_s 指主切削刃与基面的夹角。其作用为控制切屑的流向。当刀尖位于主切削刃的最高点时，λ_s 为正，切屑排向待加工表面；当刀尖位于主切削刃的最低点时，λ_s 为负，切屑排向已加工表面。当主切削刃和基面平行时，刃倾角为零度，切屑基本上沿垂直于主切削刃方向排出。

6）锲角 β_o

锲角 β_o 指在主截面内前刀面与后刀面的夹角。其影响刀头的强度。

6. 砂轮机的使用

1）砂轮的选用

砂轮的选用如表 2 - 4 所示。

表 2 - 4　砂轮的选用

砂轮种类	颜色	性能	适用场合
氧化铝	白色	磨粒韧性好，比较锋利，硬度较低，自锐性好	刃磨高速钢车刀和硬质合金车刀的刀柄部分
碳化硅	绿色	磨粒的硬度高，刃口锋利，但脆性较大	刃磨硬质合金车刀的硬质合金部分

砂轮的粗细以粒度表示，一般可分为 36#、60#、80# 和 120# 等级别。粒度越大，则表示组成砂轮的磨料越细，反之越粗。粗磨车刀应选粗砂轮，精磨车刀应选细砂轮。

2）砂轮机（图2-6）的使用

（1）新安装的砂轮必须严格检查。在使用前要检查其外表面有无裂纹，可用硬木轻敲砂轮，辨别其声音是否清脆。如果有碎裂声，则必须更换砂轮。

（2）在试转合格后才能使用。新砂轮安装完毕，先点动或低速试转，若无明显振动，则改用正常转速空转10 min，情况正常后才能使用。

（3）安装后必须保证装夹牢靠，运转平稳。砂轮机启动后，应在砂轮旋转平稳后再进行刃磨。

（4）砂轮旋转速度应小于允许的线速度，速度过高会爆裂伤人，过低又会影响刃磨质量。

（5）若砂轮跳动明显，则应及时修整，平形砂轮一般可用砂轮刀在砂轮上来回修整，杯形细粒度砂轮可用金刚石笔或硬砂条修整。

（6）砂轮机上的绿色和红色控制开关用以启动和停止砂轮机。刃磨结束后，应随手关闭砂轮机电源。

图2-6　砂轮机

7. 量角台的使用

用量角台（图2-7）可以测量几种常用车刀（外圆车刀、端面车刀、切槽车刀等）的主、副偏角，前角，主、副后角，刃倾角等。

下面以90°车刀为例进行测量。

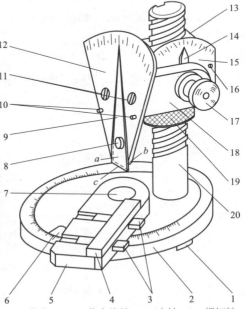

1—支脚；2—底盘；3—导条；4—定位块；5—工作台；6—工作台指针；7—小轴；8—螺钉轴；
9—大指针；10—销轴；11—螺钉；12—大刻度盘；13—滑体；14—小指针；15—小刻度盘；
16—小螺钉；17—旋钮；18—弯板；19—大螺帽；20—立柱。

图2-7　车刀量角台

1) 主偏角的测量

按顺时针方向转动工作台，让主切削刃和大指针前面 a 紧密贴合（图 2-8），则工作台指针在底盘上所指示的刻度数值，就是主偏角 κ_r 的数值。

2) 副偏角的测量

按逆时针方向转动工作台，让副切削刃和大指针前面 a 紧密贴合（图 2-9），则工作台指针在底盘上所指示的刻度数值，就是副偏角 κ_r' 的数值。

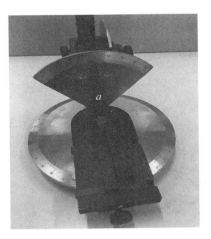

图 2-8　主偏角的测量　　　　　　　图 2-9　副偏角的测量

3) 刃倾角的测量

大指针底面 c 和主切削刃紧密贴合（图 2-10），则大指针在大刻度盘上所指示的刻度数值，就是刃倾角 λ_s 的数值，指针在 0° 左边为 $+\lambda_s$，指针在 0° 右边为 $-\lambda_s$。

4) 前角的测量

大指针底面 c 在通过主切削刃选定点的前刀面上紧密贴合（图 2-11），则大指针在大刻度盘上所指示的刻度数值，就是前角 γ_o 的数值。

图 2-10　刃倾角的测量　　　　　　　图 2-11　前角的测量

5) 主后角的测量

大指针侧面 b 和通过主切削刃选定点的主后刀面紧密贴合（图 2 – 12），则大指针在大刻度盘上所指示的刻度数值，就是主后角 α_o 的数值。

6) 副后角的测量

大指针侧面 b 和通过副切削刃选定点的副后刀面紧密贴合（图 2 – 13），则大指针在大刻度盘上所指示的刻度数值，就是副后角 α_o' 的数值。

图 2 – 12　主后角的测量　　　　　　　　图 2 – 13　副后角的测量

8. 车刀的刃磨

1) 刃磨姿势

（1）人站立在砂轮侧面，以防砂轮碎裂时，碎片飞出伤人。

（2）两手握刀，一手在前，一手在后，两肘加紧腰部，这样可以减少磨刀时的抖动。

（3）磨刀时，车刀应放在砂轮的水平中心，刀尖略微上翘 3° ~ 8°。车刀接触砂轮后应做左右方向水平线移动。当车刀离开砂轮时，刀尖需向上抬起，以防磨好的刀刃被砂轮碰伤。

（4）磨主后刀面时，刀杆尾部向左偏过一个主偏角的角度。磨副后刀面时，刀杆尾部向右偏过一个副偏角的角度。

（5）修磨刀尖圆弧时，通常以左手握车刀前端为支点，用右手转动车刀尾部。

（6）检查车刀角度时用目测法，观察车刀角度是否合乎切削要求、刀刃是否锋利、表面是否有裂痕和其他不符合切削要求的缺陷。

2) 刃磨步骤

（1）粗磨主后刀面和副后刀面。

（2）粗、精磨前刀面。

（3）精磨主、副后刀面。

（4）刀尖磨出圆弧。

3) 刃磨注意事项

（1）车刀刃磨时，不能用力过大，以防打滑伤手。

（2）车刀高低必须控制在砂轮水平中心，刀头略向上翘，否则会出现后角过大或负后角等弊端。

（3）车刀刃磨时应做水平的左右移动，以免砂轮表面出现凹坑。

（4）在平行砂轮上磨刀时，尽可能避免磨砂轮侧面。

（5）砂轮磨削表面需经常修整，使砂轮没有明显的跳动。

（6）刃磨硬质合金车刀时，不可把刀头部分放入水中冷却，以防刀片突然冷却而碎裂。刃磨高速钢车刀时，应随时用水冷却，以防车刀过热退火，降低硬度。

（7）在磨刀前，要对砂轮机的防护设施进行检查。

（8）刃磨结束后，应随手关闭砂轮机电源。

9. 车刀的安装、工件的装夹

1）90°和45°车刀的安装

车刀的安装是每个车工必须掌握的一项技术。车刀能否牢固准确地安装在刀架上，是影响加工精度和表面粗糙度的一个重要因素。

（1）车刀不能伸出刀架太长，应尽可能伸出得短些，因为若车刀伸出过长，则刀杆刚性相对减弱，切削时在切削力的作用下，容易产生振动，使车出的工件表面不光洁。一般车刀伸出的长度不超过刀杆厚度的1.0～1.5倍。

（2）车刀刀尖的高低应对准工件的中心。车刀安装得过高或过低都会引起车刀角度的变化而影响切削。根据经验，粗车外圆时，可将车刀装得比工件中心稍高一些；精车外圆时，可将车刀装得比工件中心稍低一些。这要根据工件直径的大小来决定，无论装高或装低，一般不能超过工件直径的1%。

（3）90°车刀的主切削刃与工件的轴线成92°～94°；45°车刀的主切削刃与工件的轴线成45°。

（4）装车刀用的垫片要平整，尽可能地减少片数，一般只用2～3片。如垫片的片数太多或不平整，车刀会产生振动，影响切削。

（5）车刀装上后，要紧固刀架螺钉，一般要紧固两个螺钉。紧固时，应轮换逐个拧紧。同时要注意，一定要使用专用扳手，不允许再加套管等，以免使螺钉受力过大而损伤。

2）工件的安装

切削加工时，工件必须在机床夹具中定位和夹紧，使其在整个切削过程中始终保持正确的位置。

根据轴类工件形状、大小和加工数量的不同，常用不同的装夹方法。下面谈一谈用自定心卡盘（俗称三爪卡盘，图2—14）进行装夹的方法。

自定心卡盘的三个卡爪是同步运动的，能自动定心，工件装夹后一般无须找正。但较长的工件离卡盘远端的旋转中心不一定与车床主轴旋转中心重合，这时必须找正；卡盘使用时间较长而精度下降后，工件加工部位的精度要求较高时，也需要找正。

自定心卡盘装夹工件方便、省时，但夹紧力没有单动卡盘大，所以适用于装夹外形规则的中小型工件。

所谓找正工件，就是使装夹在卡盘上的工件中心与车床主轴的旋转中心取得一致。

找正不好产生的后果：

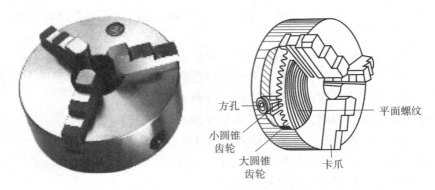

方孔

平面螺纹

小圆锥
齿轮

大圆锥
齿轮

卡爪

图 2 - 14　三爪卡盘

（1）车削时工件单面车削，容易导致车刀磨损，且车床产生振动。

（2）余量相同的工件，会增加车削次数，浪费有效的工时。

（3）加工余量少的工件，很可能造成工件车不圆而报废的后果。

（4）调头要接刀车削的工件，必然会产生同轴度误差而影响工件质量。

工件的找正步骤：

（1）夹住工件时夹紧力不应太大。

（2）工件夹住部分不应太长。

（3）找正工件外圆时，先使划针针尖靠近工件外圆表面（图 2 - 15），用手转动卡盘，观察工件表面与划针针尖之间的间隙大小，然后根据间隙大小，调整位置，其调整量为间隙差值的一半。通过卡盘扳手的敲击直至转动卡盘保证工件与划针间隙均匀即可。

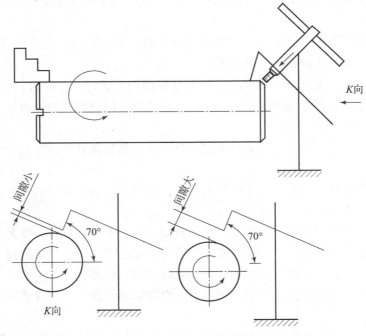

图 2 - 15　工件找正

2.3　项目实施

在砂轮机前，进行如下操作训练。

一、训练要求

（1）时间：90°和45°车刀刃磨、车刀和工件安装共计6 h。

（2）站位姿势正确，操作熟练，车刀刃磨角度正确，车刀和工件安装到位。

（3）教学组织要求：指定每人使用一台砂轮机，按照刃磨步骤组织学习。

二、训练内容

1. 90°和45°车刀刃磨训练

（1）粗磨。

①粗磨刀面。

②粗磨刀柄部分的主后刀面和副后刀面。

③粗磨切削部分的主后刀面。

④粗磨切削部分的副后刀面。

⑤刃磨断屑槽。

（2）精磨。

①精磨主、副后刀面。

②磨负倒棱。

③磨出过渡刃，保证刀尖圆弧半径 R 为 1～2 mm。

（3）研磨。

2. 90°和45°车刀安装训练

（1）车刀高度与工件中心对齐。

（2）车刀伸出刀架长度为刀厚的 1.0～1.5 倍。

（3）90°车刀的主切削刃与工件的轴线成 92°～94°；45°车刀的主切削刃与工件的轴线成45°。

3. 工件的安装训练

（1）工件的装夹。

（2）工件的找正。

三、操作步骤

1. 90°和45°车刀刃磨训练步骤

1）粗磨

（1）粗磨刀面。先磨去车刀前刀面、后刀面上的焊渣，如图 2－16 和图 2－17 所示。

图2-16 毛坯车刀形状

图2-17 毛坯车刀磨去焊渣

（2）粗磨刀柄部分的主后刀面和副后刀面。在略高于砂轮中心的水平位置处，将车刀翘起一个比后角大2°～3°的角度，粗磨刀柄部分的主后刀面和副后刀面，以形成后隙角，为刃磨车刀切削部分的主后刀面和副后刀面做准备，如图2-18～图2-21所示。

图2-18 粗磨刀柄主后刀面

图2-19 刀柄主后刀面

图2-20 粗磨刀柄副后刀面

图2-21 刀柄副后刀面

（3）粗磨切削部分的主后刀面。使刀柄与砂轮轴线保持平行，刀柄底平面向砂轮方向倾斜一个比主后角大2°～3°的角度。刃磨时，将车刀刀柄上已磨好的主后隙角靠在砂轮的外圆上，以接近砂轮中心的水平位置为刃磨的起始位置，然后使刃磨位置继续向砂轮靠近，并左右缓慢移动，一直磨至刀刃处为止；同时磨出主偏角90°和主后角9°，如图2-22和图2-23所示。

（4）粗磨切削部分的副后刀面。使刀柄尾端向右偏摆，转过副偏角8°，刀柄底平面向砂轮方向倾斜一个比副后角大 2°～3° 的角度。刃磨方法与刃磨主后刀面相同，但应磨至刀尖处为止。同时，磨出副偏角 8° 和副后角 9°，如图 2-24 和图 2-25 所示。

图 2-22　粗磨切削部分主后刀面

图 2-23　切削部分主后刀面

图 2-24　粗磨切削部分副后刀面

图 2-25　切削部分副后刀面

（5）刃磨断屑槽。手工刃磨断屑槽一般为圆弧形。刃磨时，刀尖可以向下或向上磨，同时磨出前角 15°，但是选择刃磨断屑槽部位时，应考虑留出倒棱的宽度，如图 2-26 和图 2-27 所示。

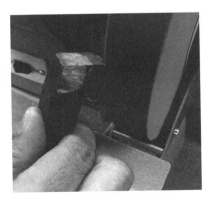

图 2-26　刃磨断屑槽

图 2-27　车刀的断屑槽

刃磨断屑槽时，砂轮的交角处应经常保持尖锐或具有一定的圆弧状。当砂轮棱边磨损出较大圆角时，应及时用金刚石笔或硬砂条修整。

刃磨断屑槽时的起点位置应该与刀尖、主切削刃离开一定距离，防止主切削刃和刀尖被磨损。

刃磨断屑槽时不能用力过大，车刀应沿刀柄方向上下缓慢移动。要特别注意刀尖，避免把断屑槽的前端口磨塌。

刃磨过程中应反复检查断屑槽的形状、位置及前角的大小。

2）精磨

（1）精磨主、副后刀面。步骤方法与粗磨时相同。

（2）磨出负倒棱。刃磨负倒棱时有直磨法和横磨法两种。刃磨时力度要轻，要从主切削刃的后端向刀尖方向摆动，保证倒棱前角为5°，倒棱宽度为0.5 mm。为保证切削刃的质量，最好采用直磨法。通常由于倒棱的宽度很小，常用油石研出，如图2-28所示。

（3）磨出过渡刃，保证刀尖圆弧半径 R 为 1~2 mm。刃磨圆弧形过渡刃时，在车刀刀尖与砂轮端面轻微接触后，刀杆基本上以刀尖为圆心，在主、副切削刃与砂轮端面的夹角约等于15°的范围内，缓慢均匀地转动车刀，此时，用力要轻，推进要慢，直到磨出的刀尖符合刀尖圆弧半径要求为止。刃磨直线型过渡刃的方法使车刀主切削刃与砂轮端面成一个大致为主偏角一半的角度，缓慢地把刀尖向砂轮推进，直到磨出的过渡刃长度符合要求，如图2-29所示。

3）研磨

用油石研磨车刀时，手持油石在切削刃上来回移动，动作应平稳，用力应均匀，研磨后的车刀应消除在砂轮上刃磨后的残留痕迹。车刀的倒棱很小，质量要求很高，通常用油石研出。

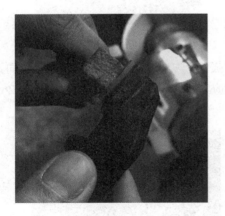

图2-28　用油石磨出负倒棱

图2-29　磨出过渡刃

2. 车刀安装训练步骤

（1）车刀高度与工件中心对齐。

（2）车刀伸出刀架长度为刀厚的1.0~1.5倍。

（3）90°车刀的主切削刃与工件的轴线成92°~94°；45°车刀的主切削刃与工件的轴线成45°。

3. 工件安装训练步骤

（1）工件的装夹。

（2）工件的找正。

二维码2-1
车刀刃磨视频

二维码2-2
车刀安装视频

二维码2-3
工件安装与找正视频

2.4 项目总结

一、考核标准

本项目的考核标准，见表2-5。

二、注意事项

（1）服从教师的统一调配，不要随意操作砂轮机开关。
（2）在学习过程中同一小组的同学之间协调一致，各小组之间要相互配合。
（3）传递刀具或工件时要轻拿轻放，避免损坏或伤人。

表2-5 考核标准

序号	考核内容	考核标准	配分	得分
1	面平	一面不平扣10分	20	
2	刃直	一刃不直扣10分	20	
3	角度合理	一角度过大或过小扣5分	30	
4	刀具安装	符合要求	10	
5	工件装夹	用划针盘找正	10	
6	操作安全	违章一次全扣	10	

2.5 拓展案例

一、拓展训练内容

选用高速钢车刀在砂轮机上进行如下操作训练。
切槽车刀的刃磨训练：
（1）粗磨：选用粒度号为46#～60#、硬度为H～K的白色氧化铝砂轮。
①粗磨两侧副后刀面。
②粗磨主后刀面。
③粗磨前刀面。

（2）精磨：选用粒度号为 80# ~ 120#、硬度为 H ~ K 的白色氧化铝砂轮。

①精磨两侧副后刀面。

②精磨主后刀面。

③精磨前刀面和卷屑槽。

④精磨圆弧过渡刃。

二、操作步骤

1. 粗磨

1）粗磨两侧副后刀面

两手握刀，车刀前面向上，刃磨两侧副后刀面，磨出左、右两侧副后角 1°30′ 和副偏角 1°30′；对于主切削刃宽度，尤其要注意留出 0.5 mm 的精磨余量，如图 2 – 30 和图 2 – 31 所示。

2）粗磨主后刀面

两手握刀，车刀前面向上，刃磨主后刀面，磨出主后角 6° ~ 8°，主偏角 90°，如图 2 – 32 所示。

3）粗磨前刀面

两手握刀，车刀前面对着砂轮磨削表面，刃磨前刀面和前角、卷屑槽，磨出前角 20° ~ 30°，如图 2 – 33 所示。

图 2 – 30 粗磨右侧副后刀面

图 2 – 31 粗磨左侧副后刀面

图 2 – 32 粗磨主后刀面

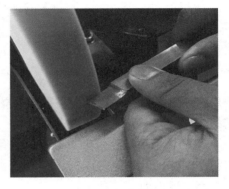

图 2 – 33 粗磨前刀面

2. 精磨

1）精磨两侧副后刀面

精磨两侧副后刀面，保证两副后角和两副主偏角对称，主切削刃宽度适合槽宽，如图2-34和图2-35所示。

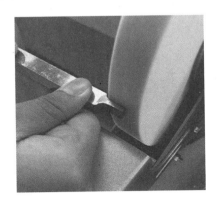

图2-34　精磨左侧副后刀面

图2-35　精磨右侧副后刀面

2）精磨主后刀面

精磨主后刀面，保证主切削刃平直，如图2-36所示。

3）精磨前刀面和卷屑槽

精磨前刀面和卷屑槽，保证主切削刃平直、锋利，如图2-37所示。

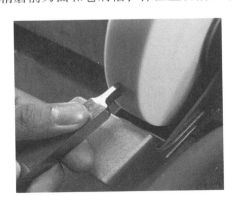

图2-36　精磨主后刀面

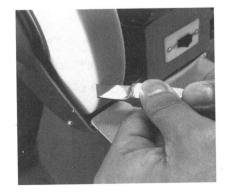

图2-37　精磨前刀面和卷屑槽

4）精磨圆弧过渡刃

在两刀尖上各磨出一个小圆弧过渡刃，如图2-38和图2-39所示。

3. 切槽车刀刃磨时容易出现的问题

（1）卷屑槽不宜过深，一般为0.75~1.50 mm。卷屑槽太深、前角过大易扎刀；前角过大、楔角减小，刀头散热面积减小，使刀尖强度降低、刀具寿命降低。

（2）防止磨出台阶形，切削时切屑流出不顺利，排屑困难，切削力增加，刀具强度相对降低，易折断。

图 2-38　精磨左侧圆弧过渡刃

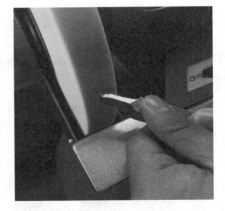

图 2-39　精磨右侧圆弧过渡刃

（3）两侧副后角对称相等，如两副偏角不同，一侧为负值，与工件已加工表面摩擦，会造成两切削刃切削力不均衡，使刀头受到一个扭力而折断。

（4）两侧副偏角要对称相等平直，前宽后窄。

（5）高速钢车刀要随时冷却以防退火。

（6）硬质合金车刀刃磨时不能用力过猛，以防脱焊。

（7）刃磨副切削刃时，刀侧与砂轮接触点应放在砂轮的边缘处。

三、拓展练习

1. 填空题

（1）常用车刀材料有_____和_____两大类。

（2）与工件已加工表面相对的刀具表面是_____。

（3）主偏角是指在基面投影上主切削刃与_____的夹角。

（4）修磨砂轮主要的工具是_____。

（5）切槽车刀在从工件外表向工件旋转中心逐渐切槽时，其工作后角_____。

2. 判断题

（1）高速钢车刀制造简单，刃磨方便，刃口锋利，韧性好，耐热性高。　　　（　　）

（2）前角选择是在刀具强度的允许条件下，尽量选取较大的角度。　　　（　　）

（3）涂层硬质合金刀具只适宜加工钢材。　　　（　　）

（4）钨系高速钢中最主要的成分是钨。　　　（　　）

（5）切槽车刀的两侧副后刀面不需要对称。　　　（　　）

项目 **3** 车削外圆和端面

3.1 项目提出

外圆柱面是常见的轴类、套内工件最基本的表面。根据使用要求，在外圆柱面上还可能会有端面、台阶及沟槽等表面，项目 3～5 将逐一介绍上述各表面的加工方法。

3.2 项目分析

一、学习目标

（1）能够根据工艺要求编制工件的加工步骤。
（2）能进行外轮廓加工刀具和切削用量的合理选择。
（3）学会加工工艺卡片的编制。
（4）掌握工件的检测方法。
（5）能按图样完成车削外圆和端面的工作。

二、相关工艺知识

1. 外圆车刀

常用的外圆车刀有以下三种，其主偏角（κ_r）分别为 90°、75° 和 45°。

1）90° 外圆车刀

90° 外圆车刀简称偏刀。其按车削时进给方向的不同又分为左偏刀 ［图 3－1（a）］ 和右偏刀 ［图 3－1（b）］ 两种。

右偏刀又称正偏刀，一般用来车削工件的外圆、端面和右向台阶，如图 3－2（c）所示。因为它的主偏角较大，车削外圆时作用于工件的径向切削力较小，不易将工件顶弯。在车削端面时，因是副切削刃担任切削任务，如果由工件外缘向中心进给，当背吃刀量（a_p）较大时，切削力（f）会使车刀扎入工件而形成凹面。为避免这一现象，可改由轴中心向外缘进给,由主切削刃切削,但背吃刀量(a_p)应取小值。

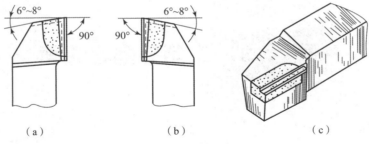

图 3-1　90°外圆车刀

(a) 左偏刀;(b) 右偏刀;(c) 右偏刀外形

左偏刀又称反偏刀,常用来车削工件的外圆和左向台阶,也适用于车削外径较大而长度较短工件的端面,如图 3-2 所示。

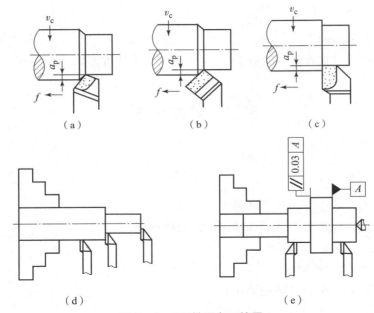

图 3-2　90°外圆车刀使用

(a) 用75°外圆车刀车削台阶;(b) 用45°外圆车刀车削台阶;(c) 用90°外圆车刀车削台阶;

(d) 用右偏刀车削台阶;(e) 一夹一顶,用左、右偏刀车削台阶轴

2)75°外圆车刀

75°外圆车刀的刀尖角(ε_r)大于90°,刀头强度好、耐用,因此,它适用于粗车轴类工件的外圆和强力切削铸件、锻件等余量较大的工件,如图 3-3 (a) 所示;其左偏刀还用来车削铸件、锻件的大平面,如图 3-3 (b) 所示。

3)45°外圆车刀

45°外圆车刀俗称弯头刀,分左、右两种,如图3-4

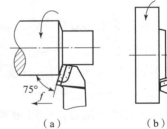

图 3-3　75°外圆车刀的使用

(a) 车外圆;(b) 车端面

所示。其刀尖角等于90°，所以刀体强度和散热条件都比90°外圆车刀好，常用于车削工件的端面和进行45°倒角，也可用来车削长度较短的外圆。

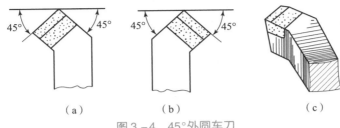

图3-4　45°外圆车刀
（a）右弯头刀；（b）左弯头刀；（c）右弯头刀外形

2. 零件的检测

1）游标卡尺

游标卡尺是车工应用最多的通用量具。常用的游标卡尺的游标分度值有 0.02 mm、0.05 mm 和 0.1 mm 三种。

游标卡尺结构如图3-5所示，其中外测量爪用来测量工件的外径［图3-6（a）］和长度［图3-6（b）］，内测量爪可以测量孔径、槽宽及孔距［图3-6（d）（e）］，深度尺可用来测量工件的深度和台阶的长度［图3-6（c）］。

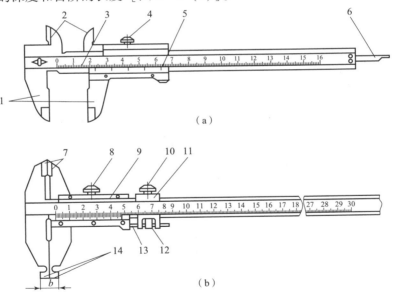

1，7—外测量爪；2，14—内测量爪；3—尺身；4，8，10—紧固螺钉；5，9—游标；
6—深度尺；11—微调装置；12—微调螺母；13—螺杆。

图3-5　游标卡尺
（a）两用；（b）双面

游标原理：主尺上的刻度与平常的尺无异，一般是以 mm 为单位的。而游标卡尺可分为十分度游标卡尺、二十分度游标卡尺、五十分度游标卡尺等，这里要学习和使用的是五十分度的游标卡尺。五十分度的游标卡尺可精确到 0.02 mm，即游标尺上的每一个小刻度代表 0.02 mm。

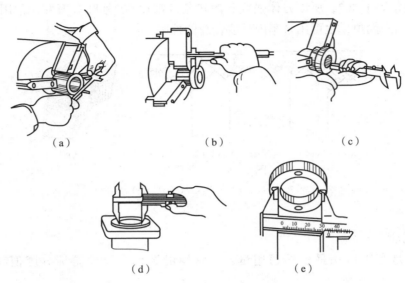

图3-6　游标卡尺的使用方法

（a）测外径；（b）测长度；（c）测深度；

（d）测内径；（e）测孔距

读数原理和读法：

（1）先读整数：图3-7（a）中，游标尺的"0"刻度线位于主尺的2 mm和3 mm之间，"0"刻度线左边的数值即该尺寸的整数部分，为2 mm。

（2）再读小数：从左往右，找到游标尺上的刻度线与主尺上某条刻度线对齐的位置。图3-7（b）中，游标尺上，第21条刻度线与主尺上某条刻度线对齐，因为游标尺上每一个小格代表0.02 mm，所以21×0.02＝0.42（mm），即该尺寸的小数部分。

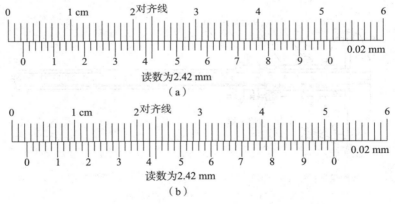

图3-7　读数原理和读法

说明：游标尺和主尺刻度线正好对齐是最好的，如果有相邻3条看似都对齐了，则取中间那条刻线。

（3）得出被测尺寸：把上面两次读数的整数部分和小数部分相加，就是游标卡尺测量的读数。

读数公式：

$$测量值 = 主尺读数(整数部分) + 游标尺读数(格数 \times 0.02)$$

2) 千分尺

千分尺是机械加工中常用的一种精密量具，其分度值为 0.01 mm。

千分尺的种类很多，按用途可分为外径千分尺、内径千分尺、深度千分尺、内测千分尺、螺纹千分尺和壁厚千分尺等。

由于测微螺杆受到制造上的限制，其移动量通常为 25 mm，所以千分尺的测量范围分别为 0 ~ 25 mm，25 ~ 50 mm，50 ~ 75 mm，75 ~ 100 mm，…，每隔 25 mm 为一挡规格。

（1）千分尺的结构和形状。外径千分尺的结构和外形如图 3 - 8 所示，其由尺架、固定量杆、测微螺杆、锁紧装置、测力装置和微分筒组成。

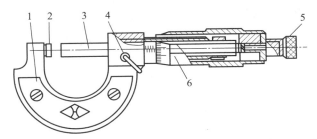

1—尺架；2—固定量杆；3—测微螺杆；4—锁紧装置；5—测力装置；6—微分筒。

图 3 - 8 外径千分尺

（2）千分尺的校正测量方法。用千分尺测量工件尺寸之前，应检查并校正千分尺的 "0" 位，即用专用扳手使微分筒上的 "0" 线和固定套筒上的 "0" 线基准对齐，如图 3 - 9 所示。

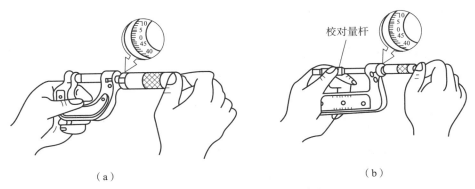

（a）　　　　　　　　　　　　　　　　　（b）

图 3 - 9 千分尺的 "0" 位检查

用千分尺测量工件时，千分尺可单手握 [图 3 - 10（a）]、双手握 [图 3 - 10（c）（d）] 或将千分尺固定在尺架上 [图 3 - 10（b）]。

（3）千分尺的读数方法。千分尺以测微螺杆的运动对工件进行测量，螺杆的螺距为 0.5 mm，当微分筒转一周时，螺杆移动 0.5 mm，固定套筒刻线每格 0.5 mm，微分筒斜圆锥面周围共刻 50 格，当微分筒转一格时，测微螺杆就移动 0.5 mm ÷ 50 = 0.01 mm。

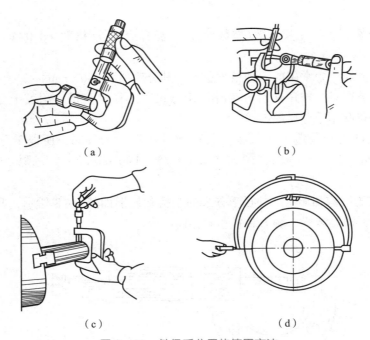

图 3 – 10　外径千分尺的使用方法

（a）单手握；（b）固定在尺架上；（c），（d）双手握

（4）千分尺的读数步骤。

①读出微分筒左边固定套筒上露出的刻线整数及半毫米值。

②找出微分筒上哪条刻线与固定套筒上的轴向基准线对准，读出尺寸的毫米小数值。

③把从固定套筒上读出的毫米整数值与从微分筒上读出的毫米小数值相加，即得到所测的实际尺寸。

图 3 – 11（a）所示的读数值为：

$$10 \text{ mm} + 0.05 \text{ mm} = 10.05 \text{ mm}$$

图 3 – 11（b）所示的读数值为：

$$31.5 \text{ mm} + 0.35 \text{ mm} = 31.85 \text{ mm}$$

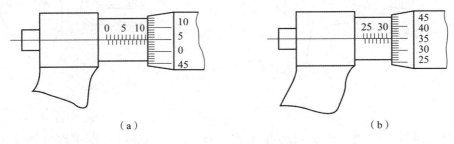

（a）　　　　　　　　　　　　（b）

图 3 – 11　千分尺的读数

3）百分表

百分表是一种指示量仪，其分度值为 0.01 mm。百分表主要用于测量工件的形状、位置精度、内孔及找正工件在机床上的安装位置。

常用的百分表有钟表式［图3-12（a）］和杠杆式［图3-12（b）］两种。钟表式百分表的工作原理是将测杆的直线位移经齿轮齿条机构放大，转变成指针的摆动。杠杆式百分表利用杠杆齿轮放大原理制成，其球面测杆可根据测量需要转动测头位置。百分表在使用前，应通过转动罩壳，使长指针对准"0"位。用钟表式百分表测量时必须将其量杆垂直于被测量的工件表面。

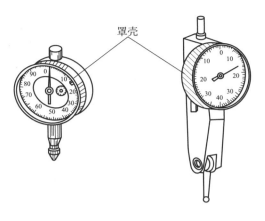

图3-12 百分表
(a) 钟表式；(b) 杠杆式

3. 切削用量相关知识

1）刻度盘及分度盘的原理及操作说明（以通用的CA6140型卧式车床为例）

（1）溜板箱正面的大手轮轴上的刻度盘分为300格，每转过1格，表示床鞍纵向移动1 mm。其主要用于控制切削加工台阶的长度，一般用于粗加工。

（2）中滑板丝杠上的刻度盘分为100格，每转过1格，表示刀架横向移动0.05 mm。其主要用于控制轴类工件的直径。

（3）小滑板丝杠上的刻度盘分为100格，每转过1格，表示刀架纵向移动0.05 mm。其主要用于精确控制轴类工件上台阶的长度。

（4）小滑板上的分度盘在刀架需斜向进刀加工短锥体时，可顺时针或逆时针在90°范围内转过某一角度，使用时，先松开锁紧螺母，转动小滑板至所需角度后，再用锁紧螺母固定小滑板。

2）切削用量的基本概念

切削用量（又叫切削三要素）是度量主运动和进给运动大小的参数。它包括切削深度、进给量和切削速度。

（1）切削深度 a_p（背吃刀量）：切削深度为工件上已加工表面和待加工表面间的垂直距离，单位为mm。切断、车槽时的切削深度为车刀主切削刃的宽度。车外圆时切削深度的计算公式为

$$a_p = (d_w - d_m)/2 \qquad (3-1)$$

式中：a_p——切削深度（mm）；

d_w——工件待加工表面的直径（mm）；

d_m——工件已加工表面的直径（mm）。

（2）进给量 f：工件每转一圈，车刀在进给运动方向上移动的距离叫进给量，用 f 表示，单位是mm/r（也叫每转进给量）。进给量还可表示进给运动时的速度，进给速度（f_v）就是在单位时间内刀具在进给方向上移动的距离，单位是mm/s。

$$f_v = n \times f \qquad (3-2)$$

式中：n——主运动的转速（r/s）；

f——每转进给量（mm/r）；

f_v——进给速度（mm/s）。

（3）切削速度 v_c：主运动的线速度叫切削速度，单位为 m/min。车削外圆时的切削速度计算公式为

$$v_c = \pi dn / 1\,000 \qquad\qquad (3-3)$$

式中：d——工件待加工表面的直径（mm）；

   n——车床主轴转速（r/min）；

   v_c——切削速度（m/min）。

3）切削用量选择原则

切削用量的大小对切削力、切削功率、刀具磨损、加工质量和加工成本均有显著影响。在车床数控加工中选择切削用量时，要在保证加工质量和刀具耐用度的前提下，充分发挥机床性能和刀具切削性能，使切削效率最高、加工成本最低。

根据加工性质、要求，工件材料及刀具材料、尺寸查切削用量手册，并结合实践经验确定相关参数，其间需要考虑以下几个方面：生产效率、机床特性（机床功率）、刀具差异（刀具耐用度）、加工表面粗糙度。

具体来说：

（1）粗加工时切削用量的选择原则：首先，选取尽可能大的背吃刀量；其次，要根据机床动力和刚性的限制条件等，选取尽量大的进给量；最后，根据刀具耐用度确定最佳的切削速度。

（2）精加工时切削用量的选择原则：首先，根据粗加工后的余量确定背吃刀量；其次，根据已加工表面的粗糙度要求，选取较小的进给量；最后，在保证刀具耐用度的前提下，尽可能选取较高的切削速度。

4）切削三要素的选择方法和计算方法

（1）背吃刀量 a_p（mm）的选择和计算方法。

如果根据表面精度来选择，粗加工（$Ra\ 10 \sim 80\ \mu m$）时，一次进给应尽可能切除全部余量；在中等功率机床上，背吃刀量可达 $8 \sim 10$ mm；半精加工（$Ra\ 1.25 \sim 10\ \mu m$）时，背吃刀量取为 $0.5 \sim 2$ mm；精加工（$Ra\ 0.32 \sim 1.25\ \mu m$）时，背吃刀量取为 $0.2 \sim 0.4$ mm。如果根据加工性质和加工余量来确定，粗车时取 $a_p = 2 \sim 6$ mm，半精车时取 $a_p = 0.3 \sim 2$ mm，精车时取 $a_p = 0.1 \sim 0.3$ mm。

计算方法举例：要将直径为 30 mm 的轴一刀车至 24 mm，试问切削深度是多少？若试车时测得直径为 28.4 mm，则中滑板（每格为 0.05 mm）手柄应转多少格？

解：①切削深度 $a_p = (d_w - d_m)/2 = (30 - 24)/2 = 3$（mm）

②试车后切削深度 $a_p = (d_w - d_m)/2 = (28.4 - 24)/2 = 2.2$（mm）

手柄应转的格数为：$2.2/0.05 = 44$（格）

（2）进给量 f（mm/r）和进给速度 f_v（mm/min）的选择和计算方法。

根据零件的表面粗糙度、加工精度要求，刀具及工件材料等因素，参考切削用量手册选取进给量。在实际操作加工时，需要根据公式 $f_v = nf$ 将进给量转换成进给速度。

①当工件的质量要求能得到保证时，为提高生产效率，可选择较高的进给速度，一般为 $100 \sim 200$ mm/min。

②在切断、加工深孔或用高速钢刀具加工时，宜选择较低的进给速度，一般在 20 ～

50 mm/min选取.

③当加工精度、表面粗糙度要求较高时，进给速度应选小些，一般在20～50 mm/min选取。

计算方法举例：车工件时主轴转速为 $n = 600$ r/min，进给量 $f = 0.1$ mm/r，要将一根长800 mm 的轴一刀车完要用多长时间？

解：时间 $T = L/(nf) = 800/(600 \times 0.1) = 13.33$（min）

（3）切削速度 v_c（m/min）的选择和计算方法。

选择方法：根据已经选定的背吃刀量、进给量及刀具耐用度选择切削速度。可用经验公式计算，也可根据生产实践经验在机床说明书允许的切削速度范围内查表选取或者参考有关切削用量手册选用。

在选择切削速度时，还应考虑以下几点。

①应尽量避开积屑瘤产生的区域。

②断续切削时，为减小冲击和热应力，要适当降低切削速度。

③在易发生振动的情况下，切削速度应避开自激振动的临界速度。

④加工大件、细长件和薄壁工件时，应选用较低的切削速度。

⑤加工带外皮的工件时，应适当降低切削速度。

计算方法举例：车削直径为300 mm 的铸铁带轮外圆，若切削速度为60 m/min，试求车床主轴转速。

解：根据公式 $v_c = \pi dn/1\,000$ 得：

$$n = 1\,000\,v_c/(\pi d) = 1\,000 \times 60/(3.14 \times 300) = 63.69（\text{r/min}）$$

在实际生产中，理论上计算出的主轴转数应从车床转速表中最接近的一挡选取。

4. 用45°车刀车削端面

开动机床使工件旋转，移动小滑板或床鞍，控制背吃刀量，摇动中滑板手柄做横向进给，由工件外缘向中心车削［图3-13（a）］，也可由中心向外缘车削［图3-13（b）］。

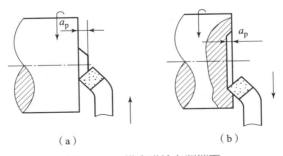

图3-13 横向进给车削端面

（a）由外向内车削；（b）由内向外车削

粗车时，一般选 $a_p = 2 \sim 5$ mm，$f = 0.3 \sim 0.7$ mm/r；精车时，一般选 $a_p = 0.2 \sim 1$ mm，$f = 0.1 \sim 0.3$ mm/r。车端面时的切削速度 v_c 应随着工件直径的减小而减小。

5. 用90°车刀车削外圆面

将工件安装在卡盘上做旋转运动，将车刀安装在刀架上使之接触工件并做相对纵向进给运动，便可车出外圆。

车外圆的步骤：

（1）准备。根据图样检查工件的加工余量，做到车削前心中有数，大致确定纵向进给的次数。

（2）对刀。启动车床使工件旋转。左手摇动床鞍手轮，右手摇动中滑板手柄，使车刀刀尖靠近并轻轻地接触工件待加工表面，以此作为确定切削深度的零点位置。反向摇动床鞍手轮（此时中滑板手柄不动），使车刀向右离开工件3～5 mm。

（3）进刀。摇动中滑板手柄，使车刀横向进给，其进给量为切削深度。

（4）试切削。试切削的目的是控制切削深度，保证工件的加工尺寸。车刀进刀后做纵向移动2 mm左右时，纵向快退，停车测量。如尺寸符合要求，就可继续切削；如尺寸还大，可加大切削深度；若尺寸过小，则应减小切削深度。

（5）正常车削。通过试切削调好切削深度便可正常车削。此时，可选择机动或手动纵向进给。当车削到所需部位时，退出车刀，停车测量。如此多次进给，直到被加工表面达到图样要求为止。

6. 车台阶

1）车台阶

车台阶时，通常选用90°外圆偏刀。车刀的安装应根据粗、精车和余量的多少来调整。粗车时为了增加背吃刀量，减小刀尖的压力，车刀安装时主偏角可小于90°（一般为85°）；精车时为了保证台阶端面和轴线的垂直度，应取主偏角大于90°（一般为93°）。车削台阶工件一般分粗车、精车两个阶段。

粗车时的台阶长度除第一挡（即端头的）车得略短外（留精车余量），其余各挡车至长度。

精车时，通常在机动进给精车外圆至近台阶处时，以手动进给代替机动进给。当车到台阶面时，应变纵向进给为横向进给，移动中滑板由里向外慢慢精车，以确保台阶端面对轴线的垂直度。

通常控制台阶的长度有以下几种方法：

（1）划线法。先用金属直尺或样板量出台阶的长度，用车刀刀尖在台阶的所在位置处车出细线，然后再车削，如图3-14（a）所示。

（2）用挡铁控制台阶长度。在成批生产台阶轴时，为了准确迅速地掌握台阶长度，可用挡铁定位来控制，如图3-14（b）所示。

（3）用床鞍纵向进给刻度盘控制台阶长度，如图3-14（c）所示。

2）端面和台阶的测量

一般可用金属直尺和刀口形直尺来测量端面的平面度，如图3-15（a）所示。台阶的长度和垂直误差可以用金属直尺［图3-15（b）］和深度游标卡尺［图3-15（c）］测量；对于批量生产或精度要求较高的台阶，可以用样板测量［图3-15（d）］。

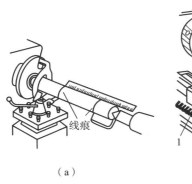
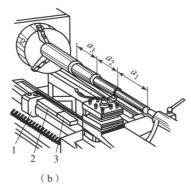
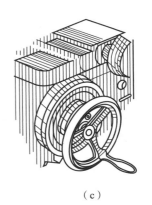

（a）　　　　　　　　　（b）　　　　　　　　　（c）

1，2，3—挡块

图3-14　台阶长度的控制

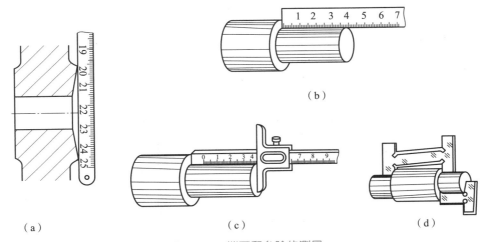

（a）　　　　　　　（c）　　　　　　　（d）

图3-15　端面和台阶的测量

（a）测量端面的平面度；（b）用金属直尺测量；（c）用深度游标卡尺测量；（d）用样板测量

3）端面对轴线垂直度的测量

测量端面垂直度时，首先测量其端面圆跳动是否合格。若符合要求，则测量端面垂直度。对精度要求不高的工件，可用直角尺通过透光测量，如图3-16（a）所示。对精度要求较高的工件，可按图3-16（b）所示，将轴支承在置于平板上的标准套中，然后用百分表从端面中心点逐渐向边缘移动，百分表指示读数的最大值就是端面对轴线的垂直度。

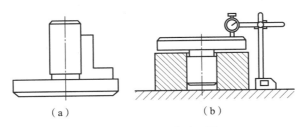

（a）　　　　　　　　（b）

图3-16　垂直度的测量

（a）用直角尺测量；（b）用百分表测量

3.3　项目实施

在 CA6140 400×1000 型号车床上，加工如图 3－17 所示工件，并达到图样的精度要求，工件毛坯材料为 45 钢，尺寸为 $\phi45$ mm ×100 mm。

一、训练要求

（1）时间：6 h。

（2）机床各手柄调整正确，使每个尺寸达到要求。

（3）教学组织要求：每人使用一台车床、一套工具、一段毛坯材料，按照操作步骤组织学习。

二、训练内容

分三次车削外圆和端面，如图 3－17 所示。

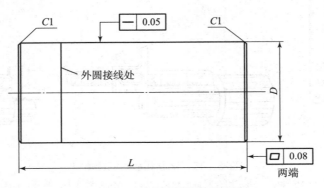

图 3－17　车削外圆和端面的训练

考核内容见表 3－1。

表 3－1　考核内容

项目	D	L	两头直径允差 （两端直径之差≤允差值）	倒角	得分
第 1 次检测标准	$\phi40 \pm 0.10$	106 ± 0.15	0.15	$C1$	
检测结果					
第 2 次检测标准	$\phi39 \pm 0.08$	105 ± 0.10	0.10	$C1$	
检测结果					
第 3 次检测标准	$\phi38 \pm 0.06$	104 ± 0.10	0.08	$C1$	
检测结果					

三、操作步骤

根据要求，编写操作步骤。

（1）三爪卡盘夹持工件总长 1/3，车端面 0.05～1 mm。

（2）车外圆至相应尺寸 D，长度车削至离卡爪 5～10 mm。

（3）倒角 $C1$。

（4）工件卸下调头装夹 1/3 总长，车端面保证总长 L。

（5）车外圆至相应尺寸 D，长度车削至与另一端外圆衔接。

（6）倒角 $C1$。

（7）检查。

二维码 3－1
车端面视频

二维码 3－2
车外圆视频

二维码 3－3
试测量试切削操作视频

二维码 3－4
量具识读与测量视频

3.4 项目总结

一、考核标准

本项目的考核标准，见表 3－2。

表 3－2 考核标准

尺寸要求	评分标准	配分	得分	评价结果
D	超差不得分	30		
L	超差不得分	25		
允差	超差不得分	30		
倒角	$C1$	15		
总分				
实习表现（50%）	遵守纪律、认真训练			
总评价等第	（优、良、合格、不合格）			

二、注意事项

（1）台阶平面和外圆相交处要清角，防止产生凹坑和出现小台阶。

（2）平面出现凹凸，可能是车刀没有从里到外横向进给或车刀装夹主偏角小于 90°的原因；也与刀架、车刀和滑板等发生位移有关。

（3）平面与外圆相交处出现较大的圆弧，原因是刀尖圆弧较大或刀尖磨损。

（4）使用游标卡尺测量时，卡脚应和测量面贴平，以防卡脚歪斜，产生测量误差。

（5）使用游标卡尺测量工件时，松紧程度要合适，特别是用微调螺钉时，尤其注意不要卡得太紧。

（6）主轴没有停稳，不得使用游标卡尺测量工件。

（7）从工件上取得游标卡尺的读数时，应把紧固螺钉拧紧，以防副尺移动，影响读数。

3.5　拓展案例

一、拓展训练内容

拓展训练内容如图 3 – 18 所示。

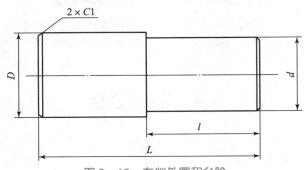

图 3 – 18　车削外圆和台阶

考核内容见表 3 – 3。

表 3 – 3　考核内容

项目	D	d	l	L	倒角	得分
第 1 次检测标准	$\Phi33_{-0.04}^{0}$	$\Phi31_{-0.03}^{0}$	40 ± 0.1	98 ± 0.1	$C1$	
检测结果						
第 2 次检测标准	$\Phi32_{-0.04}^{0}$	$\Phi30_{-0.03}^{0}$	41 ± 0.1	97 ± 0.1	$C1$	
检测结果						
第 3 次检测标准	$\Phi31_{-0.03}^{0}$	$\Phi29_{-0.025}^{0}$	$42_{-0.1}^{0}$	96 ± 0.1	$C1$	
检测结果						
第 4 次检测标准	$\Phi30_{-0.03}^{0}$	$\Phi28_{-0.025}^{0}$	$42_{0}^{+0.1}$	95 ± 0.1	$C1$	
检测结果						

二、操作步骤

根据图3-18要求，学生自己编写加工工艺。

根据图3-18尺寸自己制定考核评分标准。

三、拓展练习

简答题

（1）车端面时，可以选用哪几种车刀？分析用各种车刀车端面时的优缺点，各适用于什么情况。

（2）车端面时的背吃刀量和切削速度与车外圆时有什么不同？

（3）车端面的方法有哪些？

（4）试述0.02 mm精度游标卡尺的刻线原理。

（5）试述千分尺的刻线原理及读数方法。

项目 4 车削台阶轴

4.1 项目提出

　　轴是机器中的重要零件之一，用来支承旋转零件（带轮、齿轮），传递运动和转矩。轴类零件是机械设备中一个重要的组成部分，轴类零件一般由圆柱面、圆锥面、螺纹、端面、台阶、沟槽等构成。轴类零件的加工方法是车工必须掌握的一项基本技能。其精度要求较高，在车削时除了要保证尺寸精度和表面粗糙度外，还应保证其形状和位置精度的要求。

4.2 项目分析

一、学习目标

　　（1）掌握中心孔加工和一夹一顶装夹方法。

　　（2）能熟练编写轴类零件的加工工艺。

　　（3）掌握零件尺寸精度的保证方法和技巧（试测量试切削）。

　　（4）能够按照图样要求加工出合格的零件。

二、相关工艺知识

1. 中心孔的种类

1）中心孔的形状

国家标准 GB/T 145—2001《中心孔》规定，中心孔的种类有 A 型（不带护锥）、B 型（带护锥）、C 型（带螺纹孔）和 R 型（带弧形）四种，如图 4-1 所示。

　　2）中心孔的作用

　　（1）A 型中心孔由圆柱孔和圆锥孔两部分组成。圆锥孔的圆锥角一般为 60°。它与顶尖锥面配合，起定心作用并承受工件的重力和切削力。圆柱孔可储存润滑油，并可防止顶尖头触及工件，保证顶锥面和中心孔锥面配合贴切，以达到正确定心。其一般用于精度要求一般的工件或不需要多次装夹、不保留中心孔的零件。

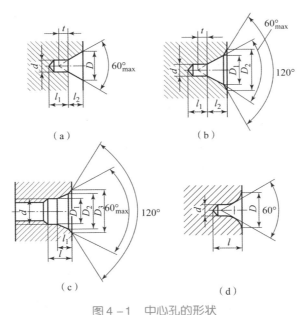

图 4 - 1　中心孔的形状

（a）A 型；（b）B 型；（c）C 型；（d）R 型

（2）B 型中心孔是在 A 型中心孔的端部再加 120°的圆锥面，用以保护 60°锥面不致碰毛，并使工件端面容易加工。B 型中心孔适用于精度要求较高、工序较多的工件。

（3）C 型中心孔是在 B 型中心孔的 60°锥孔后加一短圆柱孔（保证攻螺纹时不碰毛 60°锥孔），后面有一内螺纹。当需要把其他零件轴向固定在轴上时，可采用 C 型中心孔。

（4）R 型中心孔形状与 A 型中心孔相似，只是将 A 型中心孔的 60°圆锥改成圆弧面，这样与顶尖锥面的配合变成线接触，在轴类工件装夹时，能自动纠正少量的位置偏差。轻型和高精度轴上采用 R 型中心孔。

2. 中心孔的加工方法

中心孔是工件的定位基准。它影响加工质量，对精加工工件的质量影响更大。如果两端中心孔不在同一个轴线上或与工件轴线不同轴，工件的加工余量在常规的情况下将车不圆，如不能车圆，也将影响工件圆度精度。要求精度高或工序多的工件，两端中心孔轴线必须同轴，如果中心孔不圆，用其定位加工的工件圆度误差也大；如果锥面表面粗糙度值大，也影响工件的加工精度，而且对固定顶尖锥面研损严重，导致烧坏中心孔和顶尖。因此，中心孔必须圆整，锥面表面粗糙度值要小，角度正确；圆柱孔深度要大于孔径尺寸，对要求精度较高的中心孔需经研磨。

1）中心钻

中心孔通常用中心钻钻出。中心孔尺寸是以圆柱孔直径 D 为标准，直径 6.3 mm 以下的中心孔常用高速钢制成的中心钻直接钻出，常用的中心钻有 A 型（不带护锥）和 B 型（带护锥）两种，如图 4 - 2 所示。

2）钻中心孔的步骤

（1）中心孔在钻夹头上装夹。按逆时针方向旋转钻夹头的外套，使钻夹头的三爪张开，把中心钻插入，然后用钻夹头扳手顺时针方向转动夹头的外套，把中心钻夹紧。

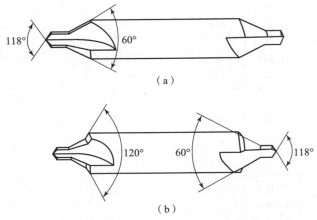

（a）

（b）

图4-2 A型和B型中心钻

（2）钻夹头在尾座锥孔中装夹。先擦净钻夹头柄部和尾座锥孔，然后用轴向力把钻夹头装紧。

（3）找正尾座中心。工件装夹在卡盘上开车转动，移动尾座使中心钻接近工件平面，观察中心钻头部是否与工件旋转中心一致，并找正，然后紧固尾座。

（4）转速的选择和钻削。由于中心孔直径小，钻削时应取较高的转速，进给量应小而均匀；当中心钻钻入工件时，加切削液，促使其钻削顺利、光洁；钻毕时，应稍停留中心钻，然后退出，使中心孔光、圆、准确。

3）钻中心孔时应注意的事项

（1）中心钻轴线与工件旋转中心保持一致。

（2）将工件端面必须车平，不得留凸头，以免钻孔时中心钻折断。

（3）及时注意中心钻的磨损状况，磨损后不得强行钻入工件，以避免中心钻折断。

（4）及时进退，以便排除切屑，并及时注入切削液。

二维码4-1
钻中心孔视频

3. 装夹方式介绍

1）顶尖

顶尖的作用是定中心，承受工件的重力和切削时的切削力。顶尖分前顶尖和后顶尖两类。

（1）前顶尖。

前顶尖随同工件一起旋转，与中心孔无相对运动，因而不产生摩擦。前顶尖的种类有两种：一种是插入主轴锥孔内的前顶尖，这种顶尖装夹牢靠，适宜于批量生产，如图4-3（a）所示；另一种是夹在卡盘上的前顶尖，它用一般钢材车一个台阶与卡爪平面贴平夹紧，一端车60°做顶尖即可，如图4-3（b）所示。

这种顶尖的优点是制造装夹方便、定心准

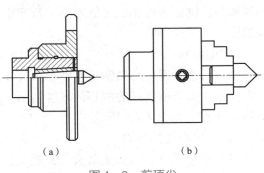

（a）　　　　　　　　（b）

图4-3 前顶尖

确，缺点是顶尖硬度不够，容易磨损，车削过程中如受冲击，易发生移位，只适宜于小批量生产。

（2）后顶尖。

插入尾座套筒锥孔中的顶尖叫后顶尖。后顶尖又分固定顶尖和回转顶尖两种。

①固定顶尖。如图4-4（a）所示，在切削中固定顶尖的优点是定心正确，刚性好，切削时不易产生振动；缺点是中心孔与顶尖要产生滑动摩擦，易发生高热，常会把中心孔或顶尖烧坏，一般适宜于低速精车。目前固定顶尖大都用硬质合金制作，如图4-4（b）所示。这种顶尖在高速旋转下不易损坏，但摩擦后产生高热的情况仍然存在，会使工件发生热变形。

②回转顶尖。为了避免后顶尖与工件之间的摩擦，目前大都采用回转顶尖支撑，如图4-4（c）所示，以回转顶尖内部的滚动摩擦代替顶尖与工件中心孔的滑动摩擦，这样既能承受高速，又可消除滑动摩擦产生的高热，是目前比较理想的顶尖，缺点是定心精度和刚性稍差。

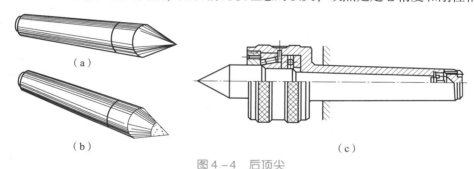

图4-4　后顶尖

（a）普通固定顶尖；（b）硬质合金固定顶尖；（c）回转顶尖

2）装夹

（1）两顶尖装夹。

①先分别安装前、后顶尖，然后向床头方向移动尾座，对准前后顶尖中心，如图4-5所示，根据工件的长度调整好尾座位置并紧固。

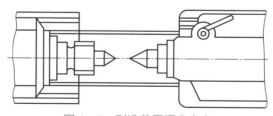

图4-5　对准前后顶尖中心

②用鸡心夹头［图4-6（b）］或平行对开夹头［图4-6（a）］夹紧工件一端的适当部位，拨杆伸出轴端［图4-6（c）］。

③用左手托起工件将夹有鸡心夹头的一端中心孔放置在前顶尖上，并使拨杆贴近卡盘卡爪或插入拨盘的凹槽中，以通过卡盘（或拨盘）来带动工件旋转。

④右手转动尾座手轮，使后顶尖顶入工件尾端中心孔，其松紧程度以工件可以灵活转动又没有轴向窜动为宜；如果后顶尖用固定顶尖支顶，应加润滑脂，然后将尾座套筒的锁紧手柄压紧。

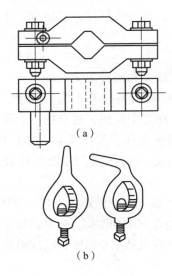

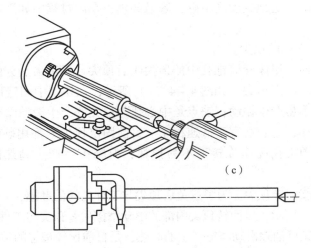

图 4－6　用夹头装夹工件

（a）平行对开夹头；（b）鸡心夹头；（c）用鸡心夹头装夹工件

二维码 4－2
两顶尖装夹视频

（2）一夹一顶装夹。

用两顶尖装夹车削轴类工件虽然优点很多，但其刚性较差，尤其对外形尺寸大及质量大的工件进行这样安装时，稳定性不够，切削用量的选择受到限制，这时通常选用一端用卡盘夹住，另一端用顶尖支撑来安装工件，即一夹一顶安装工件，如图 4－7 所示。

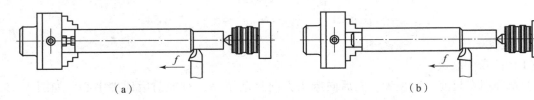

图 4－7　一夹一顶安装工件

（a）用限位支撑；（b）用工件台阶限位

当用一夹一顶的方式安装工件时，为了防止工件的轴向窜动，通常在卡盘内装一个轴向限位支撑，如图 4－7（a）所示；或在工件的被夹持部位车削一个 10～20 mm 的台阶，作为轴向限位支撑，如图 4－7（b）所示。

调整尾座，校正车削过程中产生的锥度。

一夹一顶安装工件安全、可靠，能承受较大的轴向切削力，因此它是车工常用的装夹方法。但这种方法对于相互位置精度要求较高的工件，在调头车削时找正较困难。

4．轴类零件的种类与结构

1）轴的作用

在机器设备中，轴是非常重要的零件之一，对整个机器的运转起着重要作用。轴的主要用途是定位、承载回转体零件以及传递运动和动力。轴类零件的长度一般大于直径。

二维码 4－3
一夹一顶装夹视频

2）轴的分类

根据承载性质，轴分为转轴、传动轴和心轴。根据轴的结构特点，轴分为光轴、阶梯轴、空心轴和异形轴（曲轴、凸轮轴、偏心轴）四大类。轴类零件的加工主要是加工内外圆柱面、圆锥面、端面、槽和螺纹。

（1）转轴（图4-8）：转轴是指在工作过程中既承受弯矩又传递转矩的轴。转轴是应用最多，也是车削加工最多的轴。

（2）传动轴（图4-9）：传动轴是指只承受转矩，不承受弯矩的轴。

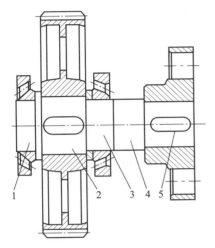

1—轴端；2，5—轴头；3—中轴颈；4—轴身。

图4-8　转轴

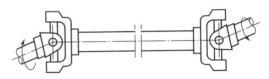

图4-9　传动轴

（3）心轴（图4-10）：心轴是指只承受弯矩但不传递转矩的轴，心轴又可分为转动心轴和固定心轴两种。

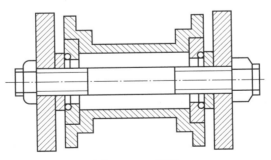

图4-10　心轴

根据轴线的形状不同，轴还可以划分为直轴（图4-11）、曲轴（图4-12）和挠性轴（图4-13）。车工中车削最多的是直轴，其次是曲轴。直轴又可分为台阶轴和光轴。台阶轴是指各处直径不同的轴，光轴是指各处直径都相同的轴。台阶轴应用最广泛，光轴多用于传动，机床上的光杠就是最典型的光轴。

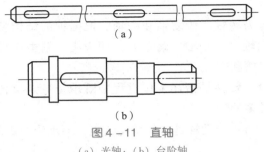

图 4 – 11　直轴

（a）光轴；（b）台阶轴

图 4 – 12　曲轴

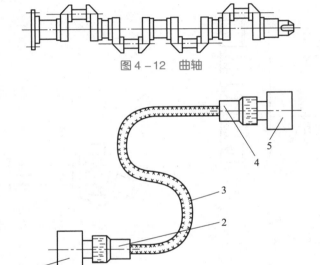

图 4 – 13　挠性轴

1—动力源；2，4—接头；3—钢丝软轴（外层为护套）；5—被驱动装置

5. 轴类零件加工的工艺分析

车削轴类工件时，如果轴的毛坯尺寸余量较大，又不均匀，或精度要求较高，则将粗加工与精加工分开进行。根据零件的形状特点、技术要求、数量的多少和工件的安装方法，轴类零件的车削步骤应考虑以下几个方面：

（1）用两顶尖装夹车削轴类工件时，一般至少要装夹三次，即粗车第一端，调头再粗车和精车另一端，最后再精车第一端。

（2）车短小的工件时，一般先车一端面，这样便于确定长度方向的尺寸。车铸铁件时最好先倒角再车削，这样刀尖就不易遇到外皮和型砂，避免损坏车刀。

（3）工件车削后还需磨削时，只需粗车和半精车，并注意留磨削余量。

（4）车削台阶轴时，应先车削直径较大的一端，以避免过早地降低工件的刚性。

（5）在轴上车槽，一般安排在粗车和半精车之后、精车之前。如果工件刚性好或精度要求不高，也可在精车之后再车槽。

（6）车螺纹一般安排在半精车后进行，待螺纹车好后再精车各级外圆，这样可避免车螺纹时轴发生弯曲而影响轴的精度。若工件精度要求不高，螺纹可安排在最后车削。

（7）轴类零件的定位基准，通常选用中心孔。加工中心孔时，应先车端面、后钻中心孔，以保证中心孔的加工质量。

4.3 项目实施

一、训练要求

（1）时间：车床调整、操作共计2 h。

（2）车床操作站位正确，操作熟练，切削用量调整正确。

（3）教学组织要求：指定每人使用一台车床，按照操作步骤组织学习。

二、训练内容

在 CA6140 400×1000 型号车床上，一夹一顶车光轴的工件，如图4-14所示。材料为45钢，毛坯尺寸为 $\phi40$ mm×240 mm。

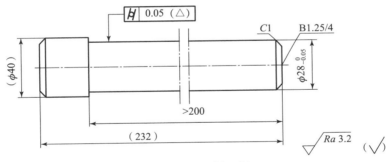

图4-14 光轴图样

三、操作步骤

1. 操作前准备

（1）工量具：0~300 mm 金属直尺、0~150 mm 游标卡尺、25~50 mm 外径千分尺、钻夹、回转顶尖各一。

（2）刃具：45°车刀、90°外圆粗精车刀、 $\phi1.25$ mm B 型中心钻。

（3）根据要求对车床相关部位进行检查调整。

（4）检查工件毛坯是否有弯曲现象。用 0~300 mm 金属直尺的长边贴住工件外径进行观察，如果弯曲较严重，则更换。

（5）根据工件材料，选择合适的切削用量，并调整车床主轴箱、进给箱相应手柄的位置。

（6）检查劳动保护用品的穿戴是否符合安全要求。

2. 操作

（1）用三爪自定心卡盘夹持外圆，工件伸出大约 40 mm 长。用 45°车刀车削端面，倒角 C1。

（2）调头，夹持外圆，工件伸出大约 40 mm 长。用 45°车刀车削端面，并控制工件总长尺寸为 232 mm，倒角 C1，钻中心孔。

（3）松开卡爪，夹持工件外圆，长 10 mm，用顶尖支顶另一端。

注意：为防止切削过程中工件轴向窜动，应在卡盘内安装一个轴向限位支撑。在许可的情况下，也可在工件的夹持部位先车出一个 15 mm 左右长的台阶，作为轴向限位支撑。

（4）粗车外圆，长 200 mm，见圆即可。用外径千分尺测量工件两端外径尺寸误差是否在 0～0.05 mm 范围内。若误差在该范围内，可进行正常车削。若误差超差，根据要求，对尾座中心孔基准进行相应的调整，再进行试车削（注：注意控制加工余量），逐步调整，直至满足要求。

（5）粗车外径至 $\phi 28.5$ mm，长 200 mm。

（6）精车外径 $\phi 28_{-0.05}^{0}$ mm，长 200 mm 至要求。

（7）倒角 C1，去毛刺。

（8）检查尺寸精度合格后方可取下工件。

二维码 4－4
技能训练 1 视频

4.4　项目总结

一、考核标准

本项目的考核标准，见表 4－1。

表 4－1　考核标准

序号	考核内容	考核要求	配分	评分标准	得分
1	直径	$\phi 28_{-0.05}^{0}$	25	符合要求得分	
2	长度	200 ± 0.2	20	符合要求得分	
3	总长	232 ± 0.3	20	符合要求得分	
4	表面粗糙度	$\sqrt{Ra\,3.2}$	10	符合要求得分	
5	安全操作	严格遵守安全操作规定	15	符合要求得分	
6	工量具摆放	位置合理、放置整齐	5	符合要求得分	
7	设备清洁保养	符合规定要求	5	符合要求得分	
成绩：					

二、注意事项

（1）一夹一顶车削，最好要求用轴向限位支撑，否则在轴向切削力的作用下，工件容易产生轴向移位。如果不采用轴向限位支撑，就要求加工者随时注意后顶尖的支撑松紧情况，并及时给予调整，以防发生事故。

（2）支撑不能过松或过紧。过松，工件会产生跳动、外圆变形；过紧，工件易产生摩擦热，烧坏固定顶尖和工件中心孔。

（3）不能用手拉铁屑，以防割破手指。

（4）车削多台阶工件时，台阶长度余量一般只需留右端第一挡。

（5）台阶处应保持垂直、清角，并防止产生凹坑和小台阶。

（6）注意工件锥度的方向性。

4.5 拓展案例

一、拓展训练内容

在 CA6140 400×1000 型号车床上，用两顶尖装夹车台阶轴二，如图 4-15 所示。材料为 45 钢，毛坯尺寸为 $\phi40$ mm×240 mm；时间：操作共计 3 h。

二、操作步骤

1. 操作前准备

（1）工量具：0~300 mm 金属直尺、0~150 mm 游标卡尺、25~50 mm 外径千分尺、前顶尖、鸡心夹头、回转顶尖各一。

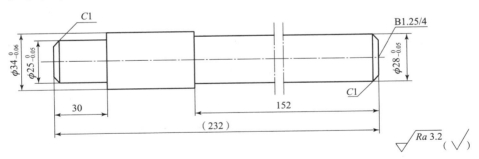

图 4-15　台阶轴二

（2）刀具：45°车刀、90°外圆粗精车刀、$\phi1.25$ mm B 型中心钻。

（3）根据要求对车床相关部位进行检查调整。

（4）检查工件毛坯是否有弯曲现象。用 0~300 mm 金属直尺的长边贴住工件外径进行观察，如弯曲较严重，则更换。

（5）根据工件材料，选择合适的切削用量，并调整车床主轴箱、进给箱相应手柄的位置。

（6）检查劳动保护用品的穿戴是否符合安全要求。

2. 操作

（1）车两平面，使总长为 232 mm，两端钻中心孔。

（2）在两顶尖上装夹工件。

（3）车外圆（工件车圆即可），检查工件两端尺寸误差是否超出公差范围。若误差超出范围，则对尾座进行相应调整。粗车外圆 $\phi 28.5$ mm，长 152 mm；$\phi 34.5$ mm，长 55 mm。

（4）精车外圆 $\phi 28_{-0.05}^{\ 0}$ mm，长 152 mm；$\phi 34_{-0.06}^{\ 0}$ mm，长 55 mm，并在端面倒角 $C1$，去毛刺。

（5）调头装夹，粗车外圆 $\phi 25.5$ mm，长 30 mm。

（6）精车外圆 $\phi 25_{-0.05}^{\ 0}$ mm，长 30 mm，并倒角 $C1$，去毛刺。

（7）检查工件尺寸精度。

3. 考核标准

本任务的考核标准，见表 4－2。

表 4－2　考核标准

序号	考核内容	考核要求	配分	评分标准	得分
1	直径	$\phi 34_{-0.06}^{\ 0}$	15	符合要求得分	
2	直径	$\phi 28_{-0.05}^{\ 0}$	15	符合要求得分	
3	直径	$\phi 25_{-0.05}^{\ 0}$	15	符合要求得分	
4	长度	152 ± 0.2	10	符合要求得分	
5	长度	30 ± 0.1	10	符合要求得分	
6	总长	232 ± 0.3	10	符合要求得分	
7	表面粗糙度	$\sqrt{}\ Ra\ 3.2$	5	符合要求得分	
8	安全操作	严格遵守安全操作规定	10	符合要求得分	
9	工量具摆放	位置合理、放置整齐	5	符合要求得分	
10	设备清洁保养	符合规定要求	5	符合要求得分	
成绩：					

4. 易产生的问题和注意事项

（1）车削前，床鞍应左右移动全行程，观察床鞍有无碰撞现象。

（2）防止对开夹头的拨杆与卡盘平面碰撞而破坏顶尖的定心作用。

（3）防止固定顶尖支撑太紧，否则工件易发热、变形，还会烧坏顶尖和中心孔。

（4）支撑太松，工件会产生轴向窜动和径向圆跳动，切削时易振动，会造成外圆圆度误差、同轴度受影响等缺陷。

（5）注意前顶尖是否发生位移，以防工件不同轴而造成废品。

（6）在顶尖上装夹工件时，应保持中心孔清洁和防止碰伤。

（7）车削过程中，要随时注意工件在两顶尖的松紧程度，并及时加以调整。

（8）增加切削时的刚性，在条件许可时，尾座套筒不宜伸出过长。

（9）鸡心夹头或对开夹头必须牢靠地夹住工件，以防切削时移动、打滑，损坏车刀。

（10）车削台阶轴时，台阶处要保持清角，不要出现小台阶和凹坑。

（11）注意安全，防止对开夹头或鸡心夹头钩衣伤人，及时使用专用铁屑钩清除铁屑。

二维码 4-5
技能训练 2 视频

三、拓展练习

1. 填空题

（1）轴类工件一般由圆柱面、圆锥面、螺纹、_____、_____和_____等构成。

（2）中心孔的种类有_____、_____、_____和_____四种。

（3）轴类工件按轴的结构特点可分为_____、_____、_____和_____等。

二维码 4-6
拓展练习视频

（4）用一夹一顶车削轴类工件时，为防止车削时工件向主轴一端移动，可在主轴锥孔内装入_____，或利用工件的_____。

（5）车削轴类工件时，除了保证尺寸精度外，还要保证_____和_____要求。

2. 判断题

（1）用两顶尖装夹工件时，顶得越深越好。　　　　　　　　　（　　）

（2）车外圆时，前、后顶尖不对正就会出现锥度误差。　　　　（　　）

（3）钻中心孔时不宜选择较高的机床转速。　　　　　　　　　（　　）

（4）用活顶尖比用死顶尖车出的工件精度高。　　　　　　　　（　　）

（5）若工件需要多次掉头装夹车削，则两顶尖装夹比一夹一顶装夹容易保证加工精度。

（　　）

3. 简答题

（1）车削轴类工件时，产生锥度的原因是什么？

（2）用一夹一顶和两顶尖装夹工件时，应注意哪些问题？

（3）钻中心孔时，中心钻折断的原因有哪些？如何预防？

项目 5 切断和车外沟槽

5.1 项目提出

沟槽是轴类零件上的常见形状。轴类零件上沟槽的作用，一是方便后续工序的加工，如车削螺纹时的退刀槽；二是保证零件在装配时轴向定位的准确性，如轴肩槽。沟槽按位置分，有外沟槽、内沟槽和端面槽等（图5-1）；按形状分，有矩形槽、圆弧槽和梯形槽等（图5-2）。

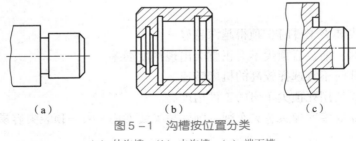

（a） （b） （c）

图5-1 沟槽按位置分类

（a）外沟槽；（b）内沟槽；（c）端面槽

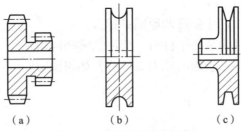

（a） （b） （c）

图5-2 沟槽按形状分类

（a）矩形槽；（b）圆弧槽；（c）梯形槽

在切削过程中，若工件较长，则按要求切断后再车削，或者在车削完成后把工件从上切割下来，这样的加工方法叫作切断。

切断与车外沟槽需要使用切断车刀（以下简称"切断刀"）或者切槽车刀（以下简称"切槽刀"），因此，正确刃磨或者选用合适的刀具也是本项目的重要内容之一。

5.2　项目分析

一、学习目标

（1）了解切断刀和切槽刀的特点。

（2）掌握切断刀和切槽刀的刃磨方法。

（3）掌握车削外圆矩形槽和切断的加工方法。

（4）了解切断和车外圆矩形沟槽的注意事项。

（5）掌握外圆矩形沟槽的检测方法。

二、相关工艺知识

1. 切断刀和切槽刀的结构特点

切断刀与切槽刀按刀具材料可分为高速钢车刀和硬质合金车刀。通常使用的切断刀和切槽刀都是以横向进给为主，前端的切削刃为主切削刃，两侧的切削刃为副切削刃。为了减少工件材料的浪费，防止切削时因刀头太宽而产生振动，以及保证切断时能切至工件中心，切断刀的主切削刃一般比较窄。高速钢切槽刀的几何形状及角度如图5-3所示。

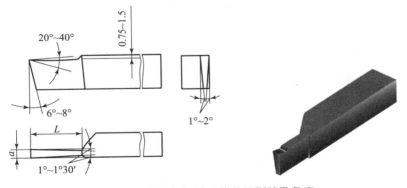

图5-3　高速钢切槽刀的几何形状及角度

前角 γ_o：20°~40°（车中碳钢），0°~10°（车铸铁）。

主后角 α_o：6°~8°。

副后角 α_o'：1°~2°。

主偏角 κ_r：90°。

副偏角 κ_r'：1°~1°30'。

刀头宽度 $a \approx (0.5 \sim 0.6)\sqrt{d}$，$d$ 为工件直径（mm）。

刀头长度 $L = h + (2 \sim 3)$，h 为切入深度（mm）。

切断刀的几何角度与切槽刀类似，但切断时刀头切入深度较大，导致刀头受力较大，因此切断刀一般在刀头下方有加强筋，如图5-4所示。

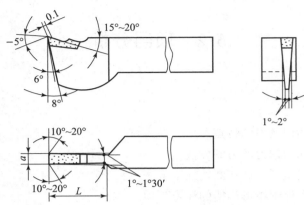

图 5 - 4　硬质合金鱼肚形切断刀

2. 切断刀与切槽刀的刃磨方法

切断刀与切槽刀的刃磨方法基本相同，下面以高速钢切槽刀为例按步骤说明。

1）粗磨两侧副后刀面

选择粒度号为 46# ~ 60#、硬度为 H ~ K 的白色氧化铝砂轮，准备好冷却液。

两手握刀，前刀面向上，按 $L \times a$ 首先刃磨右侧副后刀面，使刀头靠左，呈长方形。

两手握刀，前刀面向上，同时磨出右侧副后角和副偏角，如图 5 - 5 所示。

两手握刀，前刀面向上，同时磨出左侧副后角和副偏角。对于主切削刃宽度，尤其要注意留出 0.5 mm 的精磨余量，如图 5 - 6 所示。

图 5 - 5　刃磨右侧副后刀面

图 5 - 6　刃磨左侧副后刀面

2）粗磨主后刀面

两手握刀，车刀前刀面向上，磨出主后刀面，如图 5 - 7 所示。

3）粗磨前刀面

两手握刀，车刀前刀面对着砂轮磨削表面，刃磨前刀面和前角、卷屑槽，如图 5 - 8 所示。

图 5 - 7　刃磨主后刀面

图 5 - 8　刃磨前刀面

4）精磨各面

精磨选用粒度号为 80# ~ 120#、硬度为 H ~ K 的白色氧化铝砂轮。

（1）修磨主后刀面，保证主切削刃平直。

（2）修磨两侧副后刀面，保证两副后角和两副偏角对称。

（3）修磨前刀面和卷屑槽，保持主切削刃平直、锋利。

（4）修磨刀尖，可在两刀尖上各磨出一个小圆弧过渡刃。

在刃磨切槽刀时，需要注意以下几点：

①卷屑槽不宜过深，一般为 0.75 ~ 1.5 mm。卷屑槽太深，则前角过大，易扎刀，且前角过大时，刀头散热面积减小，使刀头强度降低、刀具寿命降低，如图 5 - 9 所示。

②要防止磨成台阶形，否则切削时切屑流出不顺利，排屑困难，切削力增加，刀具易折断。

③两侧副后角要对称相等。若不对称相等，就会造成两侧切削力不均衡，易使刀头受到扭转力而折断。

④两侧副偏角要对称相等平直、前宽后窄，如图 5 - 10 所示。

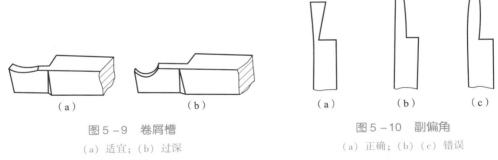

图 5 - 9 卷屑槽　　　　　　　　　图 5 - 10 副偏角

（a）适宜；（b）过深　　　　　　（a）正确；（b）（c）错误

⑤刃磨高速钢车刀时要随时冷却以防退火；刃磨硬质合金刀时不能用水冷却，以防刀片碎裂。

⑥刃磨硬质合金车刀时不能用力过猛，以防刀片烧结处产生高热脱焊，使刀片碎裂。

⑦刃磨高速钢切断刀时，不可用力过猛，以防打滑伤手。

3. 切槽的加工方法

1）工艺特点

对切槽刀进行加工时，一个主刀刃和两个副刀刃同时参与三面切削，被切削材料塑性变形复杂，摩擦阻力大，加工时进给量小、切削厚度小、平均变形大、单位切削力增大；同时，切削速度在槽加工过程中不断变化，特别是在切断加工时，切削速度由最大一直变化至零。切削力、切削热也不断变化。

在槽加工过程中，随着刀具不断切入，实际加工表面形成阿基米德螺旋面，由此造成刀具实际前角、后角都不断变化，使加工过程更为复杂。

切深槽时，刀具面窄，相对悬伸长，所以刀具刚性差，易振动，特别容易断刀。

2）刀具的安装

装夹切槽刀时，除了要符合外圆车刀装夹的一般要求外，还应注意以下几点：

（1）装夹时，刀头不宜伸出过长，以增加刀具刚性。

（2）切槽刀的中心线必须与工件轴线垂直，以保证两个副偏角对称；其主切削刃必须与工件轴线平行。可用90°角尺进行检查，如图5－11所示。

3）切槽时切削用量的选择

使用高速钢车刀切槽时：

（1）背吃刀量 a_p：切槽时的背吃刀量等于切槽刀主切削刃宽度。

（2）进给量 f：取 $f = 0.05 \sim 0.1$ mm/r。

（3）切削速度 v_c：取 $v_c = 30 \sim 40$ m/min。

4）切槽的加工方法

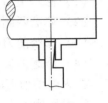

图5－11　用90°角尺
检查车刀装夹质量

在实际生产活动中，矩形槽是最常见的一类外沟槽，下面以车削矩形槽为例来说明切槽的方法。

（1）车精度不高且面较窄的矩形槽时，可用刀刃宽等于槽宽的切槽刀，采用直进法一次进给车出，如图5－12所示。

若没有刀刃宽等于槽宽的切槽刀，也可以用刀刃宽小于槽宽的切槽刀，采用多次直进法车削，如图5－13所示。

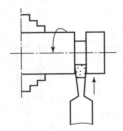

图5－12　用直进法车削

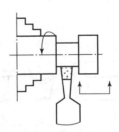

图5－13　用多次直进法车削

（2）车削较宽或精度要求较高的矩形槽时，可用多次直进法车削，并在槽壁两侧留有精车余量，然后根据槽深和槽宽精车至要求的尺寸，如图5－14所示。

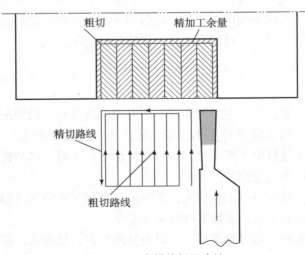

图5－14　宽槽的加工方法

5）矩形槽的测量方法

对精度要求低的矩形槽，可以用钢直尺测量其宽度、深度，用钢直尺与卡钳相互配合等方法测量槽底直径，如图 5-15 所示。

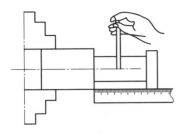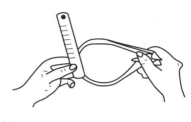

图 5-15 矩形槽的测量（1）

对精度要求较高的槽，通常使用千分尺或游标卡尺检测槽底直径，用样板或游标卡尺测量其宽度，如图 5-16 所示。

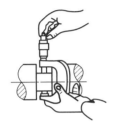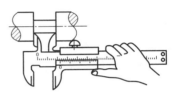

图 5-16 矩形槽的测量（2）

4. 切断的加工方法

切断的加工方法与切槽类似。切断点应尽量选择接近卡盘的位置。当使用一夹一顶或两顶尖装夹时，工件不能完全切断，以免工件飞落，损坏刀头；应在工件中心留一细杆，卸下工件后再敲断。

在安装切断刀时，刀尖需要严格对准工件旋转中心。若装低，则切至中心时会留有小凸台，无法切断；若装高，则切至中心时容易损坏刀头。刀头长度不宜伸出过长，以增加切断时的刚性，如图 5-17 所示。

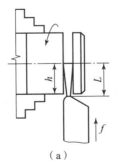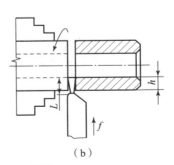

（a）　　　　　　　　　　（b）

图 5-17 切断

（a）切断实心工件；（b）切断空心工件

h—切入深度；L—刀头长度

在切断工件时，为使带孔工件不留边缘、实心工件端面不留小凸头，可将切断刀的切削刃磨得斜一些，如图 5-18 所示。

在切断直径不大的工件时，可用直进法。直进法是指垂直于工件轴线方向进给切断工件，如图 5－19 所示。直进法切断的效率高，但对车床、切断刀的刃磨和装夹都有较高的要求，否则容易造成切断刀折断。

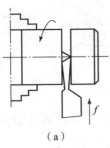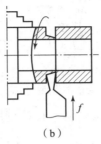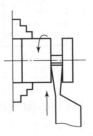

图 5－18　斜刃切断刀的应用　　　　　　　图 5－19　直进法
（a）切断实心工件；（b）切断空心工件

在切断直径较大的工件时，可用左右借刀法。左右借刀法是指切断刀在工件轴线方向连续地往返移动，随之两侧径向进给，直至工件被切断，如图 5－20 所示。左右借刀法常在切削系统（刀具、工件、车床）刚度不足的情况下，用来对工件进行切断。

在切断直径较大的工件时，还可以用反切法。反切法是指车床主轴和工件反转，车刀反向装夹进行切削。此时工件受到重力和向下切削力的共同作用，不易产生振动，如图 5－21所示。

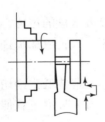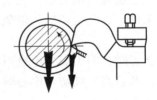

图 5－20　左右借刀法　　　　　　　图 5－21　反切法

5. 切断/切槽时容易发生的问题及原因

切断/切槽时容易发生的问题及原因如表 5－1 所示。

表 5－1　切断/切槽时容易发生的问题及原因

问题现象	产生原因	解决措施
槽底倾斜	1. 刀具安装不正确； 2. 主切削刃歪斜	1. 重新正确安装车刀； 2. 重新修磨车刀

续表

问题现象	产生原因	解决措施
槽壁出现喇叭口 	刀具磨损让刀	重新修磨车刀
切削时产生振动	1. 机床刚性不足； 2. 转速过高，进给量过小； 3. 切削位置远离支撑点； 4. 刀头伸出过长	1. 调整、修理机床； 2. 调整切削参数； 3. 调整装夹位置； 4. 调整车刀装夹位置
切削时刀具折断	1. 工件装夹不牢，在切削力作用下抬起，将车刀折断； 2. 排屑不畅，切屑堵塞； 3. 刀具的副后角、副偏角过大，削弱了刀头强度； 4. 进给过快	1. 重新夹紧工件，或采用反切法车削； 2. 经常退刀排屑，或采用左右借刀法车削； 3. 重新刃磨车刀； 4. 减慢进给速度

5.3　项目实施

在 CA6140 400×1000 型号车床上，进行如下操作训练。

一、训练要求

（1）时间：车刀刃磨、切矩形槽共计 6 h。
（2）车刀刃磨姿势正确，角度刃磨到位。车床操作站位正确，操作熟练。
（3）教学组织要求：指定每人使用一台砂轮机和车床，按照操作步骤组织学习。

二、训练内容

（1）切槽刀的刃磨。
（2）掌握切槽刀和切断刀的装夹方法。
（3）根据图纸要求，进行切槽和切断，掌握车矩形槽的方法。
（4）掌握对矩形槽的测量方法。

三、操作步骤

1. 高速钢切槽刀的刃磨

高速钢切槽刀的刃磨如图 5－22 所示。

刃磨步骤：

（1）磨主后刀面，保证主切削刃平直。

（2）磨两副后刀面，得到两侧副偏角和两侧副后角。刃磨时，注意两副后角平直、对称，磨出刀头宽度（刀头宽度 a 为 4 mm，刀头长 L 为 15 mm 左右）。

（3）磨前刀面的卷屑槽。为了保护刀尖，在两刀尖上各磨一个小圆弧过渡刃。

2. 切槽刀与切断刀的安装

（1）车刀刀尖高度与顶尖中心同等高。

（2）车刀伸出长度为槽深加 2～3 mm。

（3）车刀主切削刃要与工件轴线平行。

（4）只拧刀架前面两颗螺钉，将螺钉压在刀柄正中间。

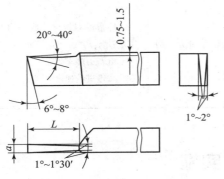

图 5－22　高速钢切槽刀的
几何形状与角度

二维码 5－1
切槽刀的刃磨

二维码 5－2
切槽刀的安装

3. 车矩形槽

车削的矩形槽如图 5－23 所示。

加工工艺路线：

（1）夹持工件右端一半长，车左端面 1 mm，车外圆 $\phi42$ mm，长度大于 24 mm。

（2）将工件卸下并掉头装夹，夹持长度 20 mm 左右。

（3）车右端面，保证总长 80 mm，在右端面打中心孔。

（4）将工件卸下，一夹一顶装夹工件。

（5）车外圆 $\phi38$ mm，长度为 56 mm。

（6）车外圆 $\phi32$ mm，长度为 30 mm。

（7）车退刀槽 4 mm×2 mm。

（8）切宽槽直径为 30 mm，槽宽 10 mm。

（9）倒角，去毛刺。

二维码 5－3　切槽

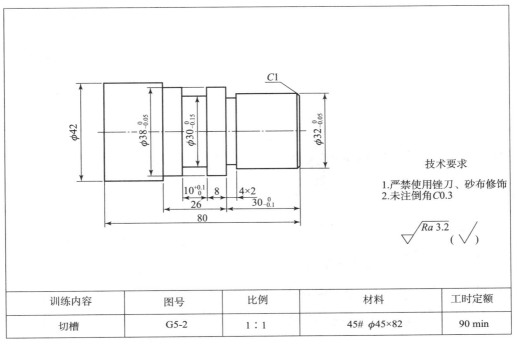

图5－23 切槽练习图纸

4. 切断

切断如图5－24所示。

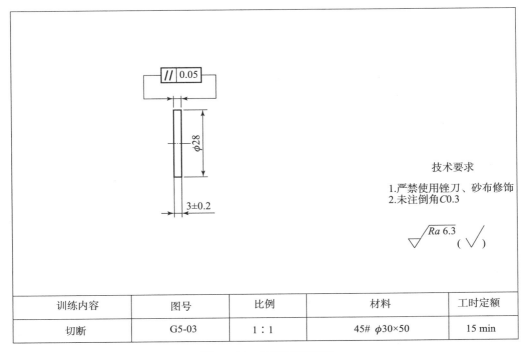

图5－24 切断练习图纸

加工工艺路线：

（1）夹持工件 1/3 长度。

（2）车外圆 $\phi28$ mm，长度为 10 mm。

（3）切断长度为 3mm 的圆片工件。

5. 矩形槽的测量

二维码 5 – 4 切断

矩形槽的测量如图 5 – 25 和图 5 – 26 所示。

图 5 – 25 槽底径的测量使用外径量爪

图 5 – 26 槽宽的测量使用内径量爪

5.4 项目总结

本项目的考核标准，见表 5 – 2。

表 5 – 2 考核标准

考核内容		评分要求	配分	得分	评价结果
项目	尺寸要求表面粗糙度				
外圆	$\phi42/\sqrt{}$ $Ra\,3.2$	超差无分	15/2		
	$\phi38_{-0.05}^{\ 0}/\sqrt{}$ $Ra\,3.2$	超差 0.01 扣 10 分	15/2		
	$\phi32_{-0.05}^{\ 0}/\sqrt{}$ $Ra\,3.2$	超差 0.01 扣 10 分	15/2		
槽	$10_{\ 0}^{+0.1}/\phi30_{-0.15}^{\ 0}$	超差无分	15		
	4×2	按 IT14 执行	10		
长度	$30_{-0.1}^{\ 0}$	超差无分	5		
	26/8	超差无分	10		
	80	超差无分	4		
倒角	$C1$，去毛刺	超差无分	5		
文明生产		违章一次扣 6 分	6		
总分					
实习表现（50%）	遵守纪律、认真训练				
总评价等级	（优、良、合格、不合格）				

5.5 拓展案例

一、拓展训练内容

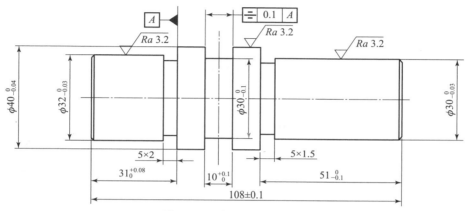

图 5 – 27 拓展训练用图纸

二、操作步骤

根据图 5 – 27 所示要求，自己编写加工工艺。

根据图 5 – 27 所示尺寸，自己制定评分标准。

三、拓展练习

简答题

（1）常见槽的形状分类有哪几种？

（2）切槽刀折断的原因是什么？

（3）分析矩形槽歪斜的情况。

项目 6　车削外圆锥

6.1　项目提出

在机械制造中，除采用圆柱体和内圆面作为配合表面外，我们还经常遇到外圆锥、内圆锥及圆锥配合的情况。例如，车床主轴孔与顶尖的配合；尾架套筒的锥孔和顶尖、钻头锥柄的配合等。

圆锥体与内锥面相配具有配合紧密、拆装方便、多次拆装仍能保持精确的定心作用等优点。

在加工圆锥面时，除了有较高的尺寸精度、形位精度和表面粗糙度要求外，还要有角度的精度要求。

6.2　项目分析

一、学习目标

(1) 了解圆锥面的特点及其应用。

(2) 掌握圆锥的各部分名称和有关尺寸计算。

(3) 掌握外圆锥的加工方法（着重介绍转动小滑板法）。

(4) 掌握外圆锥的检测方法。

二、相关工艺知识

1. 圆锥面的应用

生活中沙堆、漏斗、帽子、陀螺、斗笠、铅笔头、钻头、铅锤等都可以被近似地看作圆锥。圆锥在日常生活中也是不可或缺的。圆锥在机器、生活、建筑等许多方面都有广泛的应用，是机械零件的重要组成部分，是本教材的一项重要内容。

2. 圆锥面的特点

圆锥面的配合作用：圆锥面配合的同轴度较高，而且拆卸方便；圆锥角较小（$\alpha < 3°$）

时，它能够传递很大的扭矩，因此在机械制造中应用广泛。

机械常用莫氏锥度是一个锥度的国际标准，用于静配合以精确定位。由于锥度很小，所以利用摩擦力的原理，可以传递一定的扭矩；又因为是锥度配合，所以可以方便地拆卸。在同一锥度的一定范围内，工件可以自由拆装，同时在工作时又不会影响到使用效果，如钻孔的锥柄钻。如果使用中需要拆卸钻头磨削，拆卸后重新装上不会影响钻头的中心位置。

圆锥面配合因其具有自定心、自锁紧等特点，在机床工具上应用很广。为了便于生产和使用，有关组织对机床和工具圆锥进行了标准化，制定了统一的尺寸、角度标准。

3. 圆锥的各部分名称及尺寸计算

圆锥的基本参数（图6-1）有：

（1）最大圆锥直径 D：圆锥中直径最大的，简称大端直径。

（2）最小圆锥直径 d：圆锥中直径最小的，简称小端直径。

（3）圆锥角 α：在通过圆锥轴线的截面内，两条素线之间的夹角。

（4）圆锥半角 $\alpha/2$：圆锥角的一半。

（5）圆锥长度 L：最大圆锥直径与最小圆锥直径之间的轴向距离。工件全长一般用 L_0 表示。

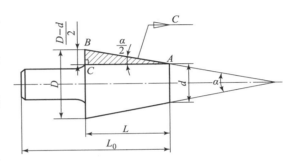

图6-1　圆锥的基本参数

（6）锥度 C：圆锥的最大圆锥直径和最小圆锥直径之差与圆锥长度之比。

（7）斜度 $C/2$：锥度的一半。

圆锥的尺寸计算：

圆锥半角与 α、D、d、L、C 之间的关系：

$$\tan\frac{\alpha}{2} = \frac{D-d}{2L} = \frac{C}{2}$$

$$C = \frac{D-d}{L}$$

不难看出，锥度确定后，圆锥半角可以由锥度直接计算出来。因此，圆锥半角与锥度属于同一参数，不能同时标注。

应用上面公式计算圆锥半角 $\alpha/2$ 时，必须利用三角函数表。当 $\alpha/2 < 6°$ 时，可用下列近似公式计算：

$$\frac{\alpha}{2} \approx 28.7° \times \frac{D-d}{L}$$

或

$$\frac{\alpha}{2} \approx 28.7° \times C$$

采用近似计算公式计算圆锥半角 $\alpha/2$ 时，应注意以下几点：

（1）圆锥半角应该在6°以内。

（2）计算出来的单位是度（°），度以下的小数部分是十进制的，而角度是60进制的。应将含有小数部分的计算结果转化为分（′）和秒（″）。

4. 标准工具圆锥

为了制造和使用方便，降低生产成本，机床上、工具上和刀具上的圆锥多已标准化，即圆锥的基本参数都符合几个号码的规定。使用时只要号码相同，即能互换。标准工具圆锥已在国际上通用，只要符合标准，就具有互换性。

1）标准圆锥

几何参数已标准化的圆锥称为标准圆锥。例如，常用工具、刀具上的圆锥面。

2）标准圆锥的种类

标准圆锥共有莫氏圆锥和米制圆锥两种，一般用号码表示。

（1）莫氏圆锥：莫氏圆锥是在机器制造业中应用得最广泛的一种，如车床主轴锥孔、顶尖、钻头柄、铰刀柄等，都用莫氏圆锥。莫氏圆锥分成 7 个号码，即 0、1、2、3、4、5 和 6 号，最小的是 0 号，最大的是 6 号。其号数不同，锥度也不同。由于锥度不同，所以圆锥角 α 也不同。莫氏圆锥的各部分尺寸可从相关资料中查出（表 6-1）。

表 6-1　莫氏圆锥的各部分尺寸

号数	锥度	圆锥角 α	圆锥半角 α/2
0	1：19.212 = 0.052 05	2°58′46″	1°29′23″
1	1：20.048 = 0.049 88	2°51′20″	1°25′40″
2	1：20.020 = 0.049 95	2°51′32″	1°25′46″
3	1：19.922 = 0.050 196	2°52′25″	1°26′12″
4	1：19.254 = 0.051 938	2°58′24″	1°29′12″
5	1：19.002 = 0.052 626 5	3°0′45″	1°30′22″
6	1：19.180 = 0.052 138	2°59′4″	1°29′32″

（2）米制圆锥：米制圆锥有 8 个号码，即 4、6、80、100、120、140、160 和 200 号。它的号码是指大端直径，锥度固定不变，即 $C = 1:20$。例如 80 号米制圆锥，它的大端直径是 80 mm，锥度 $C = 1:20$。米制圆锥的各部分尺寸可从相关资料中查出。

此外，一些常用配合锥面的锥度也已标准化，称为专用标准锥度。

3）专用标准锥度

除常用的标准圆锥外，生产中会经常遇到一些专用的标准锥度（表 6-2）。

表 6-2　一些专用的标准锥度

锥度 C	圆锥角 α	应用实例
1：4	14°15′	车床主轴法兰及轴头
1：5	11°25′16″	易于拆卸的连接，砂轮主轴与砂轮法兰的接合，锥形摩擦离合器等
1：7	8°10′16″	管件的开关塞、阀等
1：12	4°46′19″	部分滚动轴承内环锥孔
1：15	3°49′6″	主轴与齿轮的配合部分
1：16	3°34′47″	圆锥管螺纹
1：20	2°51′51″	米制工具圆锥，锥形主轴颈

续表

锥度 C	圆锥角 α	应用实例
1∶30	1°54′35″	锥柄的铰刀和扩孔钻与柄的配合
1∶50	1°8′45″	圆锥定位销及锥铰刀
7∶24	16°35′39″	铣床主轴孔及刀杆的锥体
7∶64	6°15′38″	刨齿机工作台的心轴孔

5. 外圆锥的加工方法

车削圆锥时，要同时保证尺寸精度和圆锥角度。一般先保证圆锥角度，然后精车控制线性尺寸。圆锥面的车削方法主要有转动小滑板法、偏移尾座法、仿形法、宽刃刀车削法等。

1）转动小滑板法

转动小滑板法适用于单件、小批量加工锥度较大、长度不长的锥体零件。

用转动小滑板法车削外圆锥（图6-2），就是将小滑板沿顺时针或逆时针方向按工件圆锥半角 $\alpha/2$ 转动一个角度，使车刀的运动轨迹与所需加工圆锥在水平轴线平面内的素线平行，用双手配合均匀连续转动小滑板手柄，用手动进给车削圆锥面的一种方法。

（1）小滑板的转动方向：车削外圆锥和内圆锥工件时，如果最大圆锥直径靠近主轴，最小圆锥直径靠近尾座，小滑板应沿逆时针方向转动一个圆锥半角 $\alpha/2$；反之，则应顺时针方向转动一个圆锥半角 $\alpha/2$。

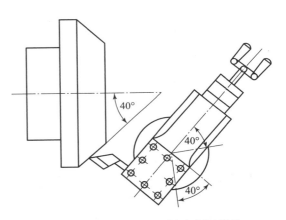

图6-2　用转动小滑板法车削外圆锥

（2）小滑板的转动角度：小滑板的转动角度应为圆锥半角 $\alpha/2$。

（3）用转动小滑板法车削圆锥的特点：

①能车削各种角度的内、外圆锥，适用范围广。

②操作简单，调整角度方便，能保证一定的加工精度。

③受小滑板行程的限制，只能加工锥体长度不长的圆锥体。

④只能手动进给，劳动强度大，工件表面粗糙度较难控制。

⑤转动小滑板法只适用于加工圆锥半角较大且锥面不长的工件。

2）偏移尾座法

采用偏移尾座法车削外圆锥时，必须将工件用两顶尖装夹，将尾座向里或者向外横向偏移一个距离 s，使尾座偏移后，前、后顶尖连线与车床主轴轴线相交成一个等于圆锥半角 $\alpha/2$ 的角度，当床鞍带着车刀沿着平行于主轴轴线方向移动切削时，工件就被车成一个圆锥体，如图6-3所示。

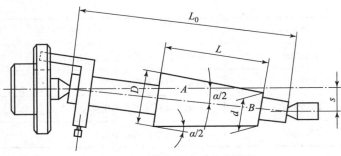

图 6 – 3　用偏移尾座法车削圆锥

（1）尾座偏移量的计算。

用偏移尾座法车削圆锥时，必须注意尾座的偏移量不仅和圆锥的长度有关，而且还和两顶尖之间的距离有关，这段距离一般可以被近似看作工件的全长 L_0，尾座偏移量 s 可用下列近似公式计算：

$$s \approx L_0 \tan\alpha/2 = L_0 \times (D - d)/(2L) \text{ 或 } s = C/2 \times L_0$$

式中：s——尾座偏移量（mm）；

　　　D——圆锥大端直径（mm）；

　　　d——圆锥小端直径（mm）；

　　　L——圆锥长度（mm）；

　　　L_0——工件全长（mm）；

　　　C——锥度。

（2）用偏移尾座法车削圆锥的特点。

①用偏移尾座法车削圆锥可以采用车床纵向机动进给，而且能车削较长的圆锥体，车出的工件表面粗糙度较小，圆锥的表面质量较好。

②顶尖在中心孔中是歪斜的，因而接触不良，顶尖和中心孔磨损不均匀，故可采用球头顶尖（图 6–4）或 R 型中心孔。

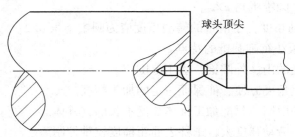

球头顶尖

图 6 – 4　后顶尖用球头顶尖支撑

③不能加工整锥体或内圆锥。

④受尾座偏移量的限制，不能车削锥度较大的工件，适合于加工锥度较小、长度较长、精度要求不高的外圆锥工件。

3）仿形法

用仿形法车削圆锥是刀具按照仿形装置进给对工件进行加工的方法，如图 6 – 5 所示。车刀的运动轨迹与圆锥面的素线平行，加工出所需的圆锥面。适用于大批量加工长度长、精度高的锥体零件。

（1）仿形法的基本原理。

仿形法又称靠模法，它是在车床床身后面安装一个固定靠模板，其斜度根据工件的圆锥半角 $\alpha/2$ 调整；取出中滑板丝杠，刀架通过中滑板与滑块刚性连接。这样当床鞍纵向进给时，滑块沿着固定靠模板中的斜槽滑动，带动车刀做平行于靠模板斜面的运动，使车刀刀尖的运动轨迹平行于靠模板的斜面，即 $BC/\!/AD$，这样即可车出外圆锥。用此法车削外圆锥时，小滑板需旋转 $90°$，以代替中滑板横向进给。

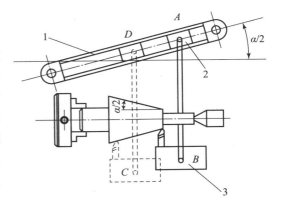

1—靠模板；2—滑块；3—刀架
图6-5 用仿形法车削圆锥的基本原理

（2）仿形法的特点。

①调整锥度准确、方便，生产率高，因而适合于批量生产。

②中心孔接触良好，又能自动进给，因此圆锥表面质量好。

③靠模装置角度调整范围较小，一般适用于车削圆锥半角 $\alpha/2 < 12°$ 的工件。

4）宽刃刀车削法

用宽刃刀车削圆锥，实质上属于成形法车削，即用成形刀具对工件进行加工。它是在装夹车刀时，把主切削刃与主轴轴线的夹角调整到与工件的圆锥半角 $\alpha/2$ 相等后，采用横向进给的方法加工出外圆锥，如图6-6所示。

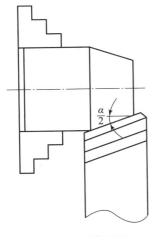

图6-6 用宽刃刀
车削外圆锥

用宽刃刀车削外圆锥时，切削刃必须平直，应取刃倾角为 $0°$，车床、刀具和工件等组成的工艺系统必须具有较高的刚度；而且背吃刀量应小于 $0.1\ mm$，切削速度宜低些，否则容易引起振动。

宽刃刀车削法主要适用于较短圆锥的精车工序。当工件的圆锥表面长度大于切削刃长度时，可以采用多次接刀的方法加工，但接刀处必须平直。

6. 外圆锥面的检测

对于相配合的锥度或角度工件，根据用途不同，规定不同的锥度公差和角度公差。圆锥的检测主要是指圆锥角度和尺寸精度的检测。

1）角度和锥度的检测

常用的圆锥角度和锥度的检测方法有：用游标万能角度尺测量、用角度样板检验、用正弦规测量等。对于精度要求较高的圆锥面，常用圆锥量规涂色法检验，其精度以接触面的大小来评定。

（1）用游标万能角度尺测量。这种方法适合于单件、小批量检测工件锥度和角度。

①结构。游标万能角度尺简称万能角度尺，其结构如图6-7所示，可以测量 $0° \sim 320°$ 的任意角度。

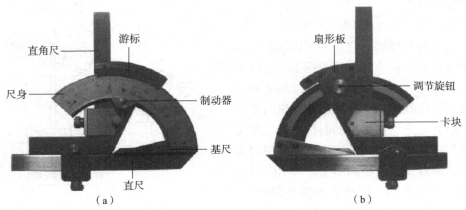

图6-7 游标万能角度尺

(a) 正面;(b) 反面

　　测量时基尺带着尺身沿着游标转动,当转到所需的角度时,可以用制动器锁紧。卡块将直角尺和直尺固定在所需的位置上。测量时转动反面的调节旋钮,通过小齿轮转动扇形齿轮,使基尺改变角度。

　　②读数方法。游标万能角度尺的分度值一般分为2′和5′两种。万能角度尺的读数方法与游标卡尺相似,即先从尺身上读出游标"0"线前面的整数值,然后在游标上读出分的数值,两者相加就是被测件的角度数值。如图6-8所示,游标尺上"0"线在主尺9°后,故"度"的数值为9,且游标尺第8个刻度与主尺刻度线对齐,故分的读数为8×2′=16′。所以,最终读数为9°+16′=9°16′。

　　③测量方法。用游标万能角度尺测量圆锥的角度时,应根据角度的大小,选择不同的测量方法。

　　测量角度:0°~50°。
　　结构的变化:被测工件放在基尺和直尺的测量面之间,如图6-9所示。

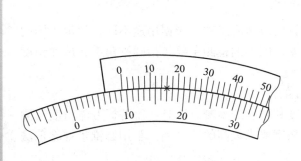

图6-8 游标万能角度尺的读数方法

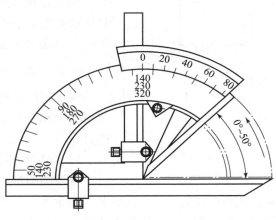

图6-9 结构的变化(1)

测量角度：50°~140°。

结构的变化：卸下直角尺，用直尺代替，如图 6-10 所示。

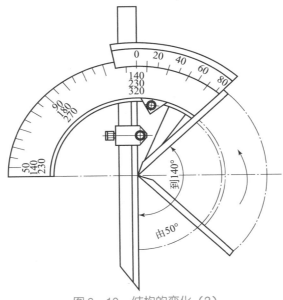

图 6-10　结构的变化（2）

测量角度：140°~230°。

结构的变化：卸下直尺，装上直角尺，如图 6-11 所示。

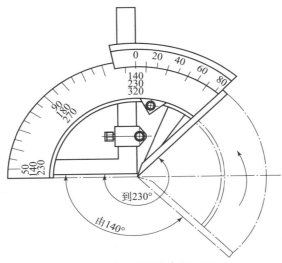

图 6-11　结构的变化（3）

测量角度：230°~320°。

结构的变化：把直角尺、直尺和卡块全部卸掉，只留下扇形板和基尺，如图 6-12 所示。

（2）用角度样板检验。

角度样板属于专用量具，适合于批量生产、检测工件，以减少辅助时间，如图 6-13 所示。

二维码6-1
万能角度尺的使用

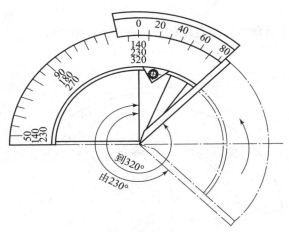

图 6－12　结构的变化（4）

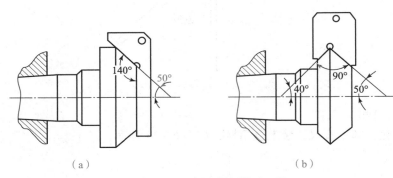

（a）　　　　　　　　　　　（b）

图 6－13　用角度样板检验工件

（3）用正弦规测量。

正弦规是利用三角函数中正弦关系来间接测量角度的一种精密量具。

测量时，将正弦规安放在平板上，将圆柱体的一端用量块垫高，将被测工件放在正弦规的平面上，如图 6－14 所示。量块组高度可以根据被测工件的圆锥角精确计算获得。然后用百分表测量工件圆锥面两端的高度，如果读数相同，则说明工件圆锥角正确。

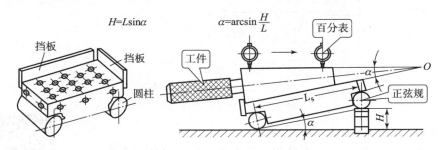

图 6－14　正弦规及其测量方法

（4）用涂色法检验。

对于标准圆锥或配合精度要求较高的圆锥工件，常用圆锥套规和圆锥塞规涂色检验，其精度是以接触面的大小来评定的。圆锥套规［图 6－15（a）］用于检验外圆锥，圆锥塞规

［图6-15（b）］用于检验内圆锥。

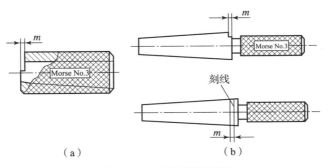

（a）　　　　　　　　　　　　　（b）

图6-15　圆锥界限量规

（a）圆锥套规；（b）圆锥塞规

用圆锥套规检验外圆锥时，要求工件和套规的表面清洁，工件外锥面的表面粗糙度值小于 $Ra3.2\ \mu m$ 且表面无毛刺。

检验步骤如下：

①在工件的圆周上，顺着圆锥素线薄而均匀地涂上三条显示剂（印油、红丹粉和机械油等的调和物），如图6-16所示。

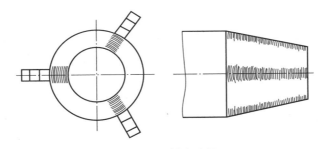

图6-16　涂色方法

②手握套规轻轻地套在工件上，稍加轴向推力，并将套规转动半圈，如图6-17所示。

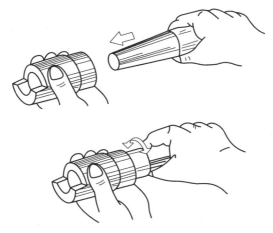

图6-17　用圆锥套规检验外圆锥

③取下套规，观察工件表面显示剂被擦去的情况。若三条显示剂全长擦痕均匀，圆锥表面接触良好，说明锥度正确；若圆锥大端的显示剂被擦去，而小端显示剂未擦去，说明工件圆锥角大了；若圆锥小端的显示剂被擦去，而大端显示剂未擦去，说明工件圆锥角小了。

用圆锥塞规检验内圆锥时其方法与上述相同，只是显示剂应涂在圆锥塞规上。

2）圆锥线性尺寸的检验

（1）用游标卡尺和千分尺测量。

当圆锥的精度要求较低及加工中粗测最大或最小圆锥直径时，可以使用游标卡尺或千分尺。测量时必须注意卡尺脚或千分尺测量杆与工件的轴线垂直，测量位置必须在圆锥的最大或最小圆锥直径处。

（2）用圆锥量规检验。

圆锥的最大或最小直径可以用圆锥界限量规来检验。圆锥塞规和圆锥套规除了有一个精确的圆锥表面外，在端面上分别有一个台阶（或刻线）。台阶长度（或刻线之间的距离）就是最大或最小直径的公差范围。

检验内圆锥时，若工件的端面位于圆锥塞规的台阶（或两刻线）之间，则说明内圆锥的最大直径合格，如图6－18所示。

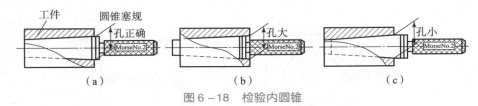

图6－18　检验内圆锥

检验外圆锥时，若工件的端面位于圆锥套规的台阶（或两刻线）之间，则说明外圆锥的最小直径合格，如图6－19所示。

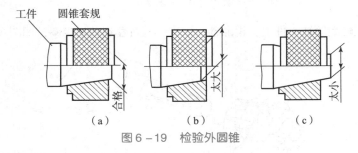

图6－19　检验外圆锥

3）圆锥的车削质量分析

由于车削内、外圆锥对操作者技能要求较高，所以在生产实践中，往往会因种种原因而产生很多缺陷（表6－3）。

车削圆锥时，虽然多次调整小滑板或靠模板的角度，但仍不能找正；在用圆锥套规检验外圆锥时，发现两端的显示剂被擦去，中间不接触。用圆锥塞规检验内圆锥时，发现中间显示剂被擦去，两端没有擦去。出现以上情况是车刀刀尖没有严格对准工件轴线而造成的双曲线误差所致，如图6－20所示。

表6-3 废品产生的原因

废品种类		生产原因
角度（锥度）不正确	1. 用转动小滑板法车削	①角度计算错误或转动角度不对； ②车刀没装夹牢固； ③小滑板移动时松紧不均匀
	2. 用偏移尾座法车削	①尾座偏移量不正确； ②工件长短不一致
	3. 用仿形法车削	①靠模装置角度调整得不正确； ②滑块与靠模板配合不良
	4. 用宽刃刀车削法车削	①装刀不正确； ②切削刃不直； ③刃倾角 $\lambda_s \neq 0°$
	5. 铰内圆锥	①铰刀角度不正确； ②铰刀轴线与主轴轴线不重合
最大和最小直径不正确		①未经常测量最大或最小直径； ②未控制车刀的背吃刀量
双曲线		车刀刀尖未严格对准工件轴线
表面粗糙度达不到要求		①切削用量不合理； ②小滑板镶条间隙不当； ③未留足精车或铰削余量； ④手动进给忽快忽慢

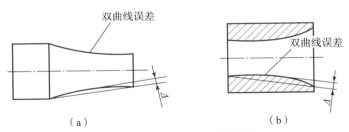

图6-20 圆锥面的双曲线误差

（a）外圆锥；（b）内圆锥

因此，车削圆锥表面时，一定要使车刀刀尖严格对准工件轴线。当车刀中途刃磨后再装刀时，必须重新调整垫片的厚度，使车刀刀尖严格对准工件轴线。

6.3 项目实施

在 CA6140 400×1000 型号车床上，进行如下操作训练。

一、训练要求

（1）时间：车床调整、操作共计 6 h。

（2）车床操作站位正确，操作熟练，切削用量调整正确。

（3）教学组织要求：指定每人使用一台车床，按照操作步骤组织学习。

二、训练内容

（1）车刀的装夹。

（2）转动小滑板的方法。

（3）小滑板镶条的调整。

（4）粗车外圆锥面。

（5）精车外圆锥面。

（6）外圆锥面的检测。

三、操作步骤

根据要求，编写操作步骤。

1. 车刀的装夹

（1）工件的回转中心必须与车床主轴的回转中心重合。

（2）车刀的刀尖必须严格对准工件的回转中心，否则车出的圆锥素线不是直线，而是双曲线。

（3）车刀的装夹方法、车刀刀尖对准工件回转中心的方法与车削端面时的装刀方法相同。

2. 转动小滑板的方法

（1）用扳手将小滑板下面转盘上的两个螺母松开。

（2）按工件上外圆锥面的倒、顺方向确定小滑板的转动方向。

①车削正外圆锥（又称顺锥）面，即圆锥大端靠近主轴、小端靠近尾座方向时，将小滑板按逆时针方向转动，如图 6 - 21 所示。

②车削反外圆锥（又称倒锥）面时，将小滑板按顺时针方向转动。

③根据确定的转动角度（$\alpha/2$）和转动方向转动小滑板至所需位置，使小滑板基准"0"线与圆锥半角 $\alpha/2$ 刻线对齐，然后锁紧转盘上的螺母。

④当圆锥半角 $\alpha/2$ 不是整数值时，其小数部分用目测的方法估计，大致对准后再通过试车逐步找正。

转动小滑板时，可以使小滑板转角略大于圆锥半角 $\alpha/2$，但不能小于 $\alpha/2$。转角偏小会使圆锥素线车长而难以修正圆锥长度尺寸，如图 6 - 22 所示。

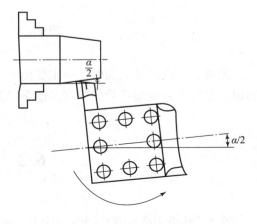

图 6 - 21　车削正外圆锥面时

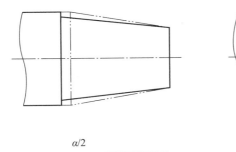
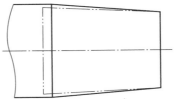
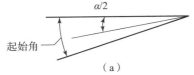
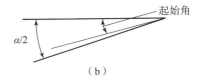

（a） （b）

图6-22 小滑板转动角度的影响

（a）起始角大于α/2；（b）起始角小于α/2

3. 小滑板镶条的调整

车削外圆锥面前，应检查和调整小滑板导轨与镶条间的配合间隙。

配合间隙调得过紧，手动进给费力，小滑板移动不均匀。

配合间隙调得过松，则小滑板间隙太大，车削时刀纹时深时浅。

配合间隙调整应合适，过紧或过松都会使车出的锥面表面粗糙度值增大，且圆锥的素线不直。

4. 粗车外圆锥面

（1）按圆锥大端直径（增加1 mm余量）和圆锥长度将圆锥部分先车成圆柱体。

（2）移动中、小滑板，使车刀刀尖与轴端外圆面轻轻接触，如图6-23所示；然后将小滑板向后退出，将中滑板刻度调至"0"位，作为粗车外圆锥面的起始位置。

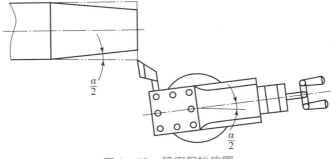

图6-23 确定起始位置

（3）按刻度移动中滑板向前进刀并调整背吃刀量，开动车床，如图6-24所示。当车削至终端时，将中滑板退出，将小滑板快速后退复位。

（4）反复进行步骤（3），调整背吃刀量、手动进给车削外圆锥面，直至工件能塞入套规约1/2为止。

（5）用套规、样板或游标万能角度尺检测圆锥锥角，

图6-24 手动进给车削外圆锥面

找正小滑板转角。

①用套规检测：将套规轻轻套在工件上，用手捏住套规左右两端分别上下摆动（图6－25），应均无间隙。若大端有间隙［图6－26（a）］，说明圆锥锥角太小；若小端有间隙［图6－26（b）］，说明圆锥锥角太大。这时可松开转盘螺母，按需用铜锤轻轻敲动小滑板，使其微量转动，然后拧紧螺母。试车后再检测，直至找正为止。

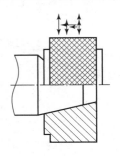

图6－25　用套规检测圆锥锥角

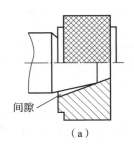

图6－26　用间隙部位判定圆锥锥角大小

（a）锥角太小；（b）锥角太大

②用游标万能角度尺检测：将游标万能角度尺调整到要测的角度，基尺通过工件中心靠在端面上，刀口尺靠在圆锥面素线上，用透光法检测（图6－27）。

③用角度样板透光检测，如图6－28所示。

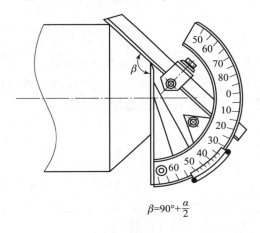

$\beta=90°+\dfrac{\alpha}{2}$

图6－27　用游标万能角度尺检测

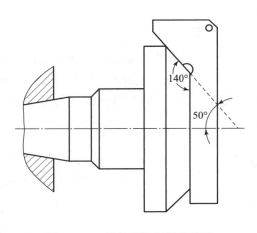

图6－28　用角度样板透光检测

5. 精车外圆锥面

将小滑板转角调整准确后精车外圆锥面主要是提高工件的表面质量和控制外圆锥面的尺寸精度。因此，精车外圆锥面时，车刀必须锋利、耐磨，进给必须均匀、连续。其切削深度的控制方法有：

（1）先测量出工件小端端面至套规过端界面的距离 a（图6－29），用下式计算出切削深度：

$$a_{\mathrm{p}} = a\tan\dfrac{\alpha}{2}\text{或}\ a_{\mathrm{p}} = a \cdot \dfrac{C}{2}$$

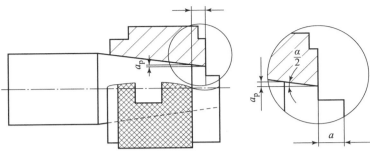

图6-29 用套规测量

然后移动中、小滑板，使刀尖轻轻接触工件圆锥小端外圆表面后，退出小滑板，使中滑板按 a_p 值进切，使小滑板手动进给精车外圆锥面至尺寸要求，如图6-30所示。

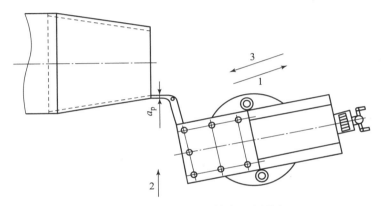

图6-30 用中滑板调整精车切削深度 a_p

（2）根据量出的距离 a，用移动床鞍的方法控制切削深度 a_p。使车刀刀尖轻轻接触工件圆锥小端外圆锥面，向后退出小滑板，使车刀沿轴向离开工件端面一个距离 a［小滑板沿导轨方向移动距离为 $a/\cos(\alpha/2)$，调整前应先消除小滑板丝杠间隙］，如图6-31所示；然后移动床鞍，使车刀与工件端面接触（图6-32），此时虽然没有移动中滑板，但车刀已经切入一个所需的切削深度 a_p。

二维码6-2
用转动小滑板法车削
外圆锥面视频

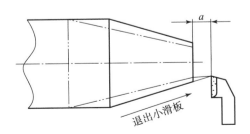

图6-31 用退出小滑板法调整精车切削深度 a_p

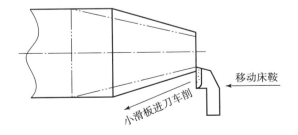

图6-32 移动床鞍完成对 a_p 的调整

91

6.4 项目总结

一、考核标准

本项目的考核标准，见表 6－4。

表 6－4 考核标准

考核内容	评分要求	配分	得分	评价结果
车刀安装	位置正确，符合刀具安装要求	10		
转动小滑板方法	操作步骤正确	20		
小滑板镶条调整	间隙调节适中，小滑板手摇无阻滞	10		
粗、精车外圆锥面	刀痕均匀，锥长的公差为 ±1 mm	35		
万能角度尺、套规测量	测量姿势正确	25		
总分				
实习表现（50%）	遵守纪律、认真训练			
总评价等第	（优、良、合格、不合格）			

二、注意事项

（1）服从教师的统一调配，不要随意开动或扳动机床开关或手柄。

（2）在学习过程中同一小组的同学之间协调一致，各小组之间要相互配合。

（3）传递零件、刀具时要轻拿轻放，避免损坏或伤人。

6.5 拓展案例

一、拓展训练内容

在 CA6140 400×1000 型号车床上，进行如下操作训练。

1. 手动进给车削外圆锥面

手动进给车削外圆锥面，如图 6－33 所示。

2. 手动进给车削莫氏锥棒

手动进给车削莫氏锥棒，如图 6－34 所示。

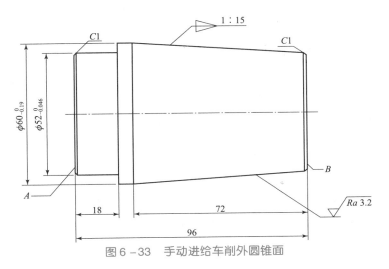

图 6-33 手动进给车削外圆锥面

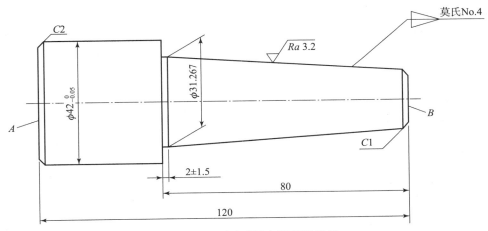

图 6-34 手动进给车削莫氏锥棒

二、操作步骤

1. 手动进给车削外圆锥面

（1）用三爪自定心卡盘夹持毛坯外圆，伸出长度为 25 mm 左右，校正并夹紧。

（2）车削端面 A：粗、精车外圆 $\phi 52_{-0.046}^{0}$ mm，长 18 mm 至尺寸要求，倒角 $C1$。

（3）调头，夹持 $\phi 52_{-0.046}^{0}$ mm 外圆，长 15mm 左右，校正并夹紧。

（4）车削端面 B：保持总长 96 mm，粗、精车外圆 $\phi 60_{-0.19}^{0}$ mm 至要求。

（5）将小滑板逆时针转动圆锥半角（$\alpha/2 = 1°54'23''$），粗车外圆锥面。

（6）用游标万能角度尺检查圆锥半角并调整小滑板转角。

（7）精车圆锥面至尺寸要求。

（8）倒角 $C1$，去毛刺。

（9）检查各尺寸合格后卸下工件。

2. 手动进给车削莫氏锥棒

（1）用三爪自定心卡盘夹持棒料外圆，伸出长度 50 mm 左右，校正并夹紧。

（2）车削端面 A：粗、精车外圆 $\phi 42_{-0.05}^{0}$ mm，长度大于 40 mm 至要求，倒角 $C2$。

（3）调头，夹持 $\phi 42_{-0.05}^{0}$ mm 外圆，伸出长度 85 mm 左右，校正并夹紧。

（4）车削端面 B：保证总长 120 mm，车削外圆 $\phi 32$ mm，长 80 mm。

（5）将小滑板逆时针转动圆锥半角（$\alpha/2 = 1°29'15''$），精车外圆锥面。

（6）用套规检查锥角并调整小滑板转角。

（7）精车外圆锥面至尺寸要求。

（8）倒角 $C1$，去毛刺。

（9）用标准莫氏套规检测，合格后卸下工件。

三、拓展练习

（1）圆锥面的基本参数有哪些？

（2）磨床主轴圆锥，已知锥度 $C = 1：5$，最大圆锥直径 $D = 45$ mm，圆锥长度 $L = 50$ mm，求最小圆锥直径 d。

（3）车削一圆锥面，已知圆锥半角 $\alpha/2 = 3°15'$，最小圆锥直径 $d = 12$ mm，圆锥长度 $L = 30$ mm，求最大圆锥直径 D。

（4）车削一磨床主轴圆锥，已知锥度 $C = 1：5$，求圆锥半角 $\alpha/2$。

（5）有一外圆锥，已知 $D = 70$ mm，$d = 60$ mm，$L = 100$ mm，试分别用查三角函数表法和近似法计算圆锥半角 $\alpha/2$。

（6）用尾座偏移法车外削一外圆锥工件，已知 $D = 30$ mm，$C = 1：50$，$L = 480$ mm，$L_0 = 500$ mm，求尾座偏移量 s。

（7）用尾座偏移法车削一外圆锥工件，已知 $D = 80$ mm，$d = 76$ mm，$L = 600$ mm，$L_0 = 1\,000$ mm，求尾座偏移量 s。

（8）车削外圆锥一般有哪几种方法？车削内圆锥有哪几种方法？

（9）用转动小滑板法车削圆锥有什么优缺点？怎样确定小滑板的转动角度和转动方向？

（10）怎样检验圆锥锥度的正确性？

（11）怎样检验内圆锥最大圆锥直径的正确性？

（12）车削圆锥时，车刀刀尖装得没有对准工件轴线，对工件质量有什么影响？如何解决？

项目 7　车削普通外螺纹

7.1　项目提出

　　普通螺纹也就是我们常说的三角形螺纹，在日常生活中是很常见也是必不可少的存在，一般用于连接各类工具和设备零部件，其最基本、最常用的加工方法是车削。在普通车床上进行车削加工是作为车床操作工的一项必备的基础技能。

7.2　项目分析

一、学习目标

（1）了解螺纹的种类和用途。
（2）掌握三角形螺纹各部分名称及计算方法。
（3）掌握车削普通三角形外螺纹的方法。
（4）了解三角形螺纹的测量方法。

二、相关工艺知识

　　关于普通螺纹，牙型为三角形，牙型角为60°，螺纹特征代号为 M。普通螺纹又分为粗牙和细牙两种，它们的代号相同。一般连接都用粗牙螺纹。当螺纹的大径相同时，细牙螺纹的螺距和牙型高度比粗牙小，因此细牙螺纹适用于薄壁零件的连接。

　　管螺纹主要用于连接管子（气管、水管等），其牙型为三角形、牙型角为55°。管螺纹有两类：非螺纹密封的管螺纹和螺纹密封的管螺纹。

　　（1）非螺纹密封的管螺纹：螺纹种类为 G，其内、外螺纹均为圆柱螺纹，内、外螺纹旋合无密封能力，常用于电线管等不需要密封的管路中的连接。

　　（2）螺纹密封的管螺纹：螺纹种类代号有三种，即圆锥外螺纹为 R、圆锥内螺纹（锥度1∶16）为 Rc、圆柱内螺纹为 Rp。这种螺纹可以是圆锥内螺纹与圆锥外螺纹相连接，也可以是圆柱内螺纹和圆锥外螺纹相连接，其内、外螺纹旋合后有密封能力，常用于水管、煤气管、润滑油管等。

常用的螺纹加工方法如表 7 – 1 所示。

表 7 – 1　常用的螺纹加工方法

加工方法	中径公差等级	表面粗糙度 $Ra/\mu m$	加工方法	中径公差等级	表面粗糙度 $Ra/\mu m$
攻螺纹（攻丝）	6～8	6.3～1.6	搓螺纹（搓丝）	5～8	1.6～0.4
套螺纹（套丝）	7～8	3.2～1.6	滚螺纹（滚丝）	4～5	0.8～0.2
车削	4～8	1.6～0.4	磨削	4～6	0.4～0.1
铣刀铣削	6～8	6.3～3.2	研削	4	0.1

1. 普通螺纹的尺寸计算

普通螺纹是我国应用最广泛的一种三角形螺纹，其牙型角为 60°。普通螺纹分粗牙普通螺纹和细牙普通螺纹。

粗牙普通螺纹代号用字母"M"及公称直径表示，如 M16、M18 等，细牙普通螺纹代号用字母"M"及公称直径×螺距表示，如 M20×1.5、M10×1 等。细牙普通螺纹与粗牙普通螺纹的不同点是：当公称直径相同时，细牙普通螺纹螺距比较小。

左旋螺纹在代号末尾加注"左"字或"LH"，如 M6 左，M16×1.5 左，或者 M6LH、M16×1.5LH 等。未注明旋向的螺纹为右旋螺纹。

普通螺纹的基本牙型如图 7 – 1 和图 7 – 2 所示。该牙型具有螺纹的基本尺寸，各尺寸的计算如下：

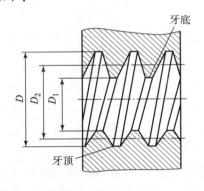

图 7 – 1　内螺纹

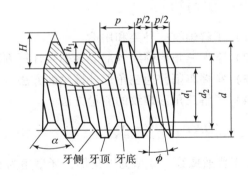

图 7 – 2　外螺纹

（1）螺距 $p = P$（p 为外螺纹螺距，P 为内螺纹螺距）。

（2）螺纹大径 $d = D$（d 为外螺纹大径，D 为内螺纹大径）。

（3）中径 $d_2 = D_2 = d - 0.6494P$。

（4）牙型高度 $h_1 = 0.5413P$。

（5）螺纹小径 $d_1 = D_1 = d - 1.0825P$。

2. 三角形螺纹车刀的刃磨

要车削好螺纹，必须正确刃磨螺纹车刀。螺纹车刀按加工性质属于成形刀具，其切削部分的形状应当和螺纹牙型的轴向剖面形状相符合，即车刀的刀尖角应该等于牙型角（图7-3）。

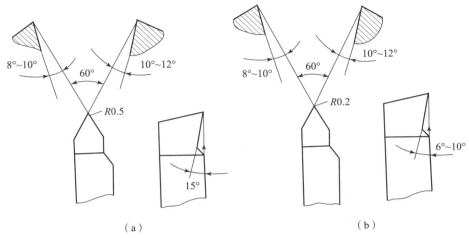

（a）

（b）

图7-3 三角形螺纹车刀

（a）粗车刀；（b）精车刀

三角形螺纹车刀的几何角度如下：

（1）刀尖角应该等于牙型角。车削普通螺纹时为60°，车削英制螺纹时为55°。

（2）前角一般为0°～10°。因为螺纹车刀的纵向前角对牙型角有很大影响，所以精车时或对精度要求高的螺纹，径向前角要取得小一些，如0°～5°。

（3）后角一般为5°～10°。因受螺纹升角的影响，进给方向一面的后角应磨得稍大一些。但对于大直径、小螺距的普通螺纹，这种影响可忽略不计。

三角形螺纹车刀的刃磨要求：

（1）根据粗、精车的要求，刃磨出合理的前、后角。粗车刀前角大、后角小，精车刀则相反。

（2）车刀的左、右切削刃必须是直线、无崩刃。

（3）刀头不歪斜，牙型半角相等。

（4）内螺纹车刀刀尖角平分线必须与刀杆垂直。

（5）内螺纹车刀后角应适当大些，一般磨有两个后角。

刀尖角的刃磨和检查方法如下：

由于螺纹车刀刀尖角要求高，刀头体积小，因此刃磨起来比一般车刀困难。刃磨高速钢螺纹车刀时，若感到发热、烫手，必须及时用水冷却，否则容易引起刀尖退火；刃磨硬质合金车刀时，应注意刃磨顺序，一般是先将刀头后刀面适当粗磨，随后再刃磨两侧面，以免产生刀尖爆裂。在精磨时，应注意防止压力过大而震碎刀片，同时要防止刀具在刃磨时骤冷而损坏刀具。

为了保证磨出准确的刀尖角，在刃磨时可用螺纹角度样板测量，如图7-4（a）所示。测量时把刀尖角与样板贴合，对准光源，仔细观察两边贴合的间隙，并进行修磨。

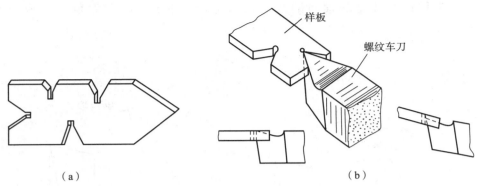

图 7 - 4　车刀角度的测量

　　对于具有纵向前角的螺纹车刀，可以用一种厚度较大的特制螺纹样板来测量刀尖角，如图 7 - 4 （b）所示。测量时，样板应与车刀底面平行，用透光法检查，这样量出的角度近似等于牙型角。

二维码 7 - 1
三角螺纹车刀的刃磨

　　3. 螺纹车刀的装夹

　　（1）装夹车刀时，刀尖一般应对准工件中心（可根据尾座顶尖高度调整）。

　　（2）车刀刀尖角的对称中心线必须与工件轴线垂直，装刀时可用样板来对刀，如图 7 - 5 （a）所示。如果把车刀装歪，就会产生如图 7 - 5 （b）所示的牙型歪斜。

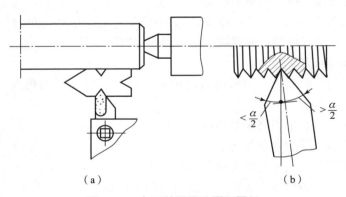

图 7 - 5　车刀装歪导致牙型歪斜

　　（3）刀头伸出不要过长，一般为 20 ~ 25 mm（约为刀杆厚度的 1.5 倍）。

　　4. 车削螺纹时车床的调整

　　（1）变换手柄位置。一般按工件螺距在进给箱铭牌上找到交换齿轮的齿数和手柄位置，并把手柄拨到所需的位置上。

　　（2）调整滑板间隙。调整中、小滑板镶条时，不能太紧，也不能太松。若太紧，则摇动滑板费力、操作不灵活；若太松，则车削螺纹时容易产生"扎刀"。顺时针方向旋转小滑板手柄，消除小滑板丝杠与螺母的间隙。

5. 普通螺纹的加工

（1）普通螺纹有右旋和左旋之分，即当主轴正转时，由尾座向卡盘方向进给，加工出来的螺纹为右旋螺纹；当主轴还是正转的情况下，由卡盘向尾座方向进给，加工出来的螺纹为左旋螺纹，如图7-6所示。

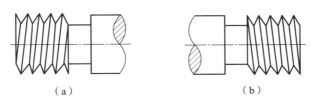

（a）　　　　　　　　　　　　　　　　（b）

图7-6　螺纹旋向

（a）左旋螺纹；（b）右旋螺纹

（2）车削螺纹的进刀方法（图7-7）：直进法、斜进法、左右进刀法。

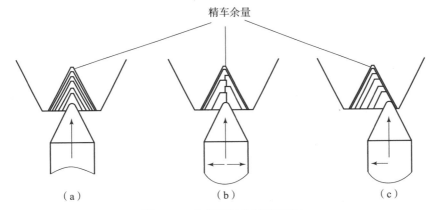

图7-7　车削螺纹的进刀方法

（a）直进法；（b）左右进刀法；（c）斜进法

6. 车削螺纹时的动作练习

车削螺纹操作方法有两种：倒顺车法和合起开合螺母法。

（1）选择主轴转速为100 r/min左右，开动车床，将主轴倒、顺转数次，然后按下开合螺母，检查丝杠与开合螺母的工作情况是否正常，若有跳动和自动抬闸现象，则必须消除。

（2）空刀练习车削螺纹的动作。选螺距2 mm、长度为25 mm、车床主轴转速50~150 r/min。开车练习开合螺母的分合动作，先退刀，后提起开合螺母，动作协调。

（3）试切螺纹：在外圆上根据螺纹长度，用刀尖对准，开车并径向进给，使车刀与工件轻微接触，车出一条刻线作为螺纹终止退刀标记［图7-8（a）］，并将中滑板刻度盘调整为"0"，退刀。将床鞍摇至离端面8~10牙处，径向进给0.05 mm左右，按下开合螺母，在工件上车出一条有痕螺旋线，到螺纹终止线时迅速退刀，提起开合螺母，用金属直尺或螺距规检查螺距，如图7-8（b）、（c）所示。

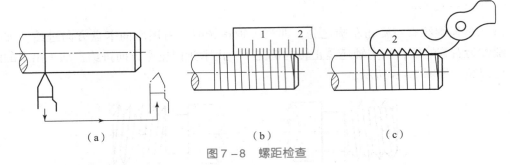

（a）　　　　　　　　（b）　　　　　　　（c）

图 7 - 8　螺距检查

（4）车削螺纹：按照计算的螺纹牙型深度，参考图 7 - 8（a）从起刀位置开始，重复螺纹车削，循环操作。横向进刀→纵向进给车削→横向退刀→纵向复位至起刀位，直至横向进刀至牙型深度。注意：在切削的最后 3 ~ 4 次走刀，逐步减少进刀切削深度，以提高螺纹牙侧表面的粗糙度。

二维码 7 - 2
车螺纹时的动作视频

7. 螺纹的测量和检查

（1）螺纹大径的测量：螺纹大径的公差较大，一般可用游标卡尺或千分尺测量。

（2）螺距的测量：螺距一般用金属直尺测量。普通螺纹的螺距较小，所以在测量时，根据螺距的大小，最好量 2 ~ 10 个螺距的长度，然后除以 2 ~ 10，得出一个螺距的尺寸。如果螺距太小，则用螺距规测量，测量时把螺距规平行于工件轴线方向嵌入牙中。如果完全吻合，则螺距是正确的。

（3）螺纹中径的测量：对精度要求较高的普通螺纹，可用螺纹千分尺测量，所测得的千分尺读数就是该螺纹的中径实际尺寸。

（4）综合测量：可用螺纹环规综合检查外螺纹。首先应对螺纹的直径、螺距、牙型和表面粗糙度进行检查，然后用螺纹环规测量外螺纹的尺寸精度。如果环规通端可以拧进去，而止端拧不进去，则说明螺纹精度合格。对精度要求不高的螺纹也可用标准螺母检查，以拧上工件时是否顺利和松动的感觉来确定合格与否。检查有退刀槽的螺纹时，环规应可通过退刀槽并与台阶平面靠平。

8. 注意事项

（1）车削螺纹前要检查主轴手柄位置，用手旋转主轴（正、反），检查手柄是否正确调整啮合到位。

（2）由于初学者操作不熟练，宜采用较低的切削速度，并注意在练习时集中精力。

（3）车削螺纹时，开合螺母必须到位，如感到未到位，应立即提起，重新进行。

（4）车削螺纹时，应注意不能用手去摸正在旋转的工件，更不能用棉纱去擦正在旋转的工件。

（5）车削完螺纹后，应提起开合螺母，并把手柄拨到纵向进给位置，以免在开车时撞车。

（6）车削螺纹时，应保持切削刃锋利。中途换刀或刃磨后，必须重新对刀，并重新调整中滑板刻度。

（7）粗车螺纹时，要留适当的精车余量。

（8）精车时，应首先用最少的车刀量车光一个侧面，把余量留给另一侧面。

7.3 项目实施

用CA6140 A×1000型号车床，加工如图7-9所示的螺纹压盖，并达到图样所示的精度要求。螺纹压盖材料为45钢，毛坯尺寸为ϕ60 mm×55 mm。

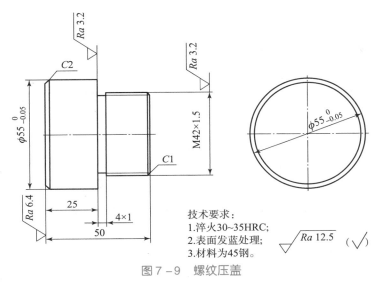

技术要求：
1. 淬火30~35HRC；
2. 表面发蓝处理；
3. 材料为45钢。

图7-9 螺纹压盖

一、训练要求

（1）时间：6 h。

（2）机床各手柄调整正确，站立位置正确。

（3）教学组织要求：每人使用一台车床，一套工具、量具，一段毛坯材料，按操作步骤组织学习。

二、训练内容

加工零件如图7-9所示。

三、操作步骤

根据要求，编写操作步骤。

（1）用三爪自定心卡盘夹持坯料的一端外圆，伸出长30 mm，车端面，粗、精车ϕ55 mm至图纸尺寸要求。

（2）车倒角C2、C1。

（3）调头装夹（垫铜片），伸出长度30 mm，车端面至总长尺寸为50 mm。

（4）车削外圆尺寸为ϕ42 mm×25 mm。

（5）车削外圆槽至 4 mm × 1 mm。

（6）车削 M42 × 1.5 螺纹。

（7）车倒角 $C1$。

（8）检查。

7.4　项目总结

一、考核标准

本项目的考核标准，见表 7 − 2。

表 7 − 2　考核标准

序号	项目	技术要求	配分	评分标准	实测结果	扣分	得分
1	外圆	$\phi 55^{\ 0}_{-0.05}/Ra\ 3.2$	15/2	超差无分，降级不得分			
2	长度	25	13	按未注公差 m 级执行，超差无分			
3		50	13	按未注公差 m 级执行，超差无分			
4	槽	40 × 1	13	按未注公差 m 级执行，超差无分			
5	螺纹	M42 × 1.5/Ra 3.2	20/10	超差无分，粗糙度一侧降级扣 5 分			
6	倒角	倒角 $C2$	1	不符无分			
7		$C1$（3 处）	3	一处不符扣一分			
8	其他	安全文明生产	10	违反安全文明条例，酌情扣 1 ~ 10 分			
合计			100				

二、注意事项

（1）服从教师的统一调配，不要随意开动或扳动机床开关或手柄。

（2）在学习过程中同一小组的同学之间协调一致，各小组之间要相互配合。

（3）传递零件、刀具时要轻拿轻放，避免损坏或伤人。

7.5　拓展案例

一、技能拓展

加工如图 7 − 10 所示的零件，具体要求如下：

（1）时间 3.5 h。

（2）能利用车螺纹法车削螺纹零件。

（3）能独立确定一般工件的车削步骤。

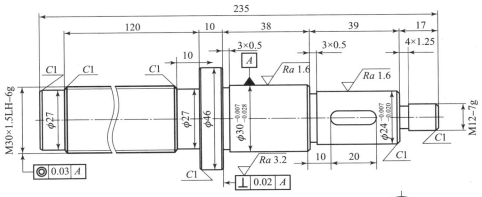

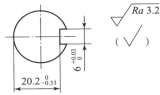

技术要求：
1. M30 × 1.5为左旋螺纹，加工时注意螺纹旋向及安全；
2. M30 × 1.5LH-6g螺纹与直径30 mm外圆轴线的同轴度误差要求
为直径0.03 mm，在加工时必须达到图样要求；
3. 材料为45钢。

图 7 – 10　加工零件

二、理论拓展

1. 选择题

（1）影响螺纹牙型角的主要因素是（　　）。

  A. 主后角　　　　　　　　　　　B. 径向前角

  C. 契角　　　　　　　　　　　　D. 刀尖角

（2）高速车削螺纹时，一般选用（　　）车削。

  A. 直进　　　　　　　　　　　　B. 左右切削

  C. 斜进　　　　　　　　　　　　D. 刀尖角

（3）普通螺纹测量一般是用单针测量法测量螺纹的（　　）。

  A. 大径　　　　　　　　　　　　B. 中径

  C. 底径　　　　　　　　　　　　D. 小径

（4）测量普通螺纹中径的最佳方法是（　　）。

  A. 综合测量法　　　　　　　　　B. 螺纹千分尺

  C. 三针测量法　　　　　　　　　D. 单针测量法

（5）在 CA6140 型车床上车削米制普通螺纹时，交换齿轮传动比应是（　　）。

  A. 42 : 100　　　　　　　　　　B. 63 : 75

  C. 60 : 97　　　　　　　　　　　D. 50 : 100

（6）车削右旋螺纹时，螺纹车刀右侧的工作后角（　　）。

  A. 增大　　　　　　　　　　　　B. 减小

  C. 不变　　　　　　　　　　　　D. 突变

（7）多线螺纹车刀的几何角度与单线螺纹的几何角度最大的不同之处是（　　）。

  A. 前角　　　　　　　　　　　　B. 主后角

C. 副后角   D. 刀尖角

（8）判断车削多头螺纹时是否发生乱牙，应以（ ）代入计算。

  A. 螺距   B. 导程

  C. 线数   D. 螺纹升角

（9）车削多线螺纹时应按（ ）来计算交换齿轮。

  A. 螺距   B. 导程

  C. 牙型角   D. 螺纹大径

2. 简答题

车削螺纹时，车刀两侧负后角有哪些变化？

项目 **8** 车削综合零件

8.1 项目提出

机械零件一般是由内、外圆柱面，端面台阶，沟槽，圆锥面，螺纹，倒角等要素构成的。在掌握了单课题训练的基础上，应当能对由以上要素构成的复合型工件进行车削加工。综合技能训练，是巩固前面所学工艺知识和技能操作的有效途径。本项目安排了三项综合练习作业，旨在对前面相关课题知识进一步巩固和提高。

8.2 项目分析

一、学习目标

（1）了解基准的概念。
（2）了解定位基本原理。
（3）掌握粗、精基准的选择原则。
（4）能根据图样要求，加工出合格的零件。
（5）能合理安排车削工艺步骤。
（6）能正确使用各种量具以及合理选择和刃磨各种车刀。
（7）能养成文明生产和安全生产的习惯。

二、相关工艺知识

1. 基准及其分类

基准就是用来确定生产对象上几何要素间的几何关系所依据的那些点、线、面。简单来说，基准就是"依据"的意思。

基准可分为设计基准、工艺基准两大类。工艺基准又分为工序基准、定位基准、测量基准和装配基准等几种。

1）设计基准

在零件图上用以确定其他点、线、面的基准，称为设计基准。它是标注设计尺寸的起点。它是加工、测量和安装的依据，也是消除加工积累误差、保证加工质量的依据。如图8-1所示，各外圆表面的设计基准是 $\phi95h6$ 外圆轴心线，各台阶轴向设计基准是 B 台阶面。

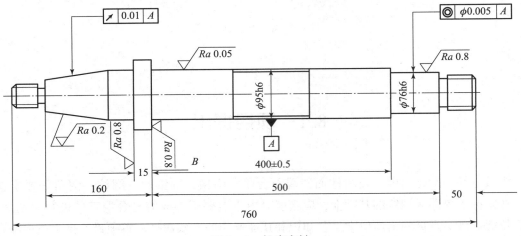

图8-1　机床主轴

2）工艺基准

（1）工序基准：工序图上用来标注本工序加工的尺寸和形位公差的基准。就其实质来说，与设计基准有相似之处，只不过是工序图的基准。工序基准大多与设计基准重合，有时为了加工方便，也有与设计基准不重合而与定位基准重合的。

（2）定位基准：加工中，使工件在机床上或夹具中占据正确位置所依据的基准。

工件的定位基准一经确定，工件上其他表面的位置关系也就确定了下来。如图8-2所示，轴承座如果用底面 A 和侧面 B 作为定位基准，那么 $\phi20H7$ 内孔轴心线的位置也就确定了。

（3）测量基准：工件在加工中或加工后测量时所用的基准。如图8-3所示，利用心轴测量齿轮坯外圆和两个端面相对于孔轴线的圆跳动误差时，内孔是测量基准。

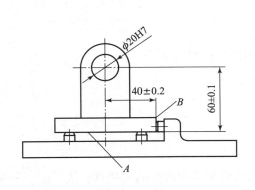

图8-2　工件的定位基准

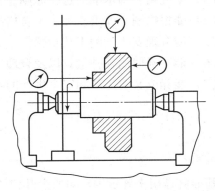

图8-3　测量基准

（4）装配基准：装配时用来确定零件或部件在产品中的相对位置所采用的基准。如图8-4所示，圆锥齿轮内孔 $\phi25H7$ 是径向装配基准，端面 B 是轴向装配基准。

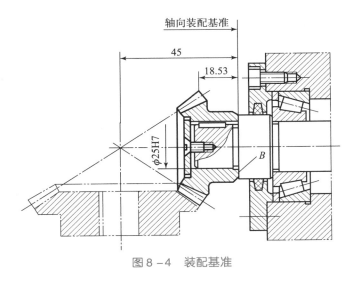

图 8 – 4　装配基准

2. 定位基准的选择

定位基准有粗基准和精基准之分。零件开始加工时，所有的面均未加工，只能以毛坯面为定位基准，这种以毛坯面为定位基准的，称为粗基准，以后的加工，必须以加工过的表面为定位基准，以加工过的表面为定位基准的称为精基准。在加工中，首先使用的是粗基准，但在选择定位基准时，为了保证零件的加工精度，首先考虑的是选择精基准，精基准选定以后，再合理地选择粗基准。

1）精基准的选择原则

选择精基准时，重点考虑如何减小工件的定位误差，保证工件的加工精度，同时也要考虑工件装卸方便、夹具结构简单。一般应遵循下列原则：

（1）基准重合原则。所谓基准重合原则，是以设计基准为定位基准，避免基准不重合误差。如图 8 – 5（a）所示的轴承座，轴承孔（表面 3）的设计基准是表面 1，其间的尺寸为 $A + \delta A$。表面 1、2 已加工完毕，现要加工孔 3。若按图 8 – 5（b）所示，以表面 2 为精基准加工孔 3，则因表面 1 与表面 2 之间的尺寸 $B + \delta B$ 的公差为 δB，当孔 3 车出后，在孔轴线与表面 1 之间尺寸 A 的误差中，除了加工误差外，还有精基准与设计基准不重合而引起的定位误差，这样，$\delta B + \delta A =$ 累积误差 $> \delta A$，从而引起工件报废。因此，要按图 8 – 5（c）所示，以表面 1 为精基准加工孔 3，才能保证尺寸 $A + \delta A$。

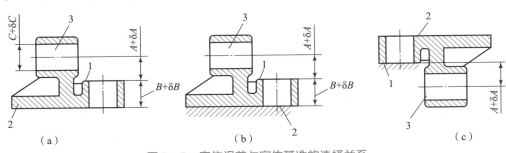

（a）　　　　　　　　　　（b）　　　　　　　　　　（c）

图 8 – 5　定位误差与定位基准的选择关系

（2）基准统一原则。当零件上有许多表面需要进行多道工序加工时，尽可能在各工序的加工中选用同一组基准定位，称为基准统一原则。基准统一可较好地保证各个加工面的位置精度，减少定位误差，提高加工精度，且便于装夹。例如一般轴类零件的中心孔，在车、铣、磨等工序中，始终被作为精基准。如图 8 - 6 所示的齿轮，在精加工阶段，一般要先精加工好 φ35H7 内孔，以孔为精基准，将其安装在心轴上依次精加工大外圆、端面和齿形。这样就可以保证位置精度、径向圆跳动、端面圆跳动或同轴度及垂直度等。

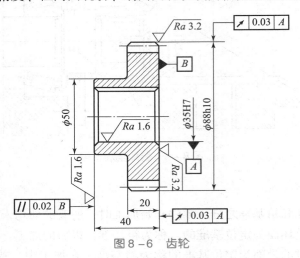

图 8 - 6　齿轮

采用基准统一原则，可以减少工装设计及制造的费用，提高生产率，并可以避免基准转换所造成的误差。

（3）自为基准原则。有些精加工工序，为了保证加工质量，要求加工余量小而均匀，采用加工面自身作为定位基准，称为自为基准原则。例如，在导轨磨床上磨削床身导轨时，为了保证加工余量小而均匀，采用百分表找正床身表面的方式装夹工件。又如浮动镗孔、浮动铰孔、珩磨及拉削孔等，均是采用加工面自身作为定位基准。

（4）互为基准原则。为了使加工面获得均匀的加工余量和加工面间有较高的位置精度，可采用加工面间互为基准反复加工。例如加工精度和同轴度要求高的套筒类零件，精加工时，一般先以外圆定位磨内孔，再以内孔定位磨外圆。又如图 8 - 6 所示加工精密齿轮时，通常是齿面淬硬后再磨齿面及内孔。由于齿面磨削余量很小，为了保证加工要求，先以齿面为基准磨孔，再以内孔为基准磨齿面，这样不但使齿面磨削余量小而均匀，而且能较好地保证内孔与齿切圆有较高的同轴度。

（5）装夹方便原则。所选定位基准应能使工件定位稳定，夹紧可靠，操作方便，夹具结构简单。

（6）尽可能使精基准与装配基准重合。一般的套、齿轮和带轮在精加工时，多利用心轴以其内孔（这些内孔多为装配机器的装配表面）为定位基准，用来加工外圆或其他表面。这样定位基准与装配基准重合，加工精度能够得到保证，装配时较容易达到设计要求的精度，如图 8 - 7（a）、（b）、（c）所示。

车配三爪自定心卡盘的法兰盘时，一般应先车好内孔（或内螺纹），然后将它连接（或旋）在主轴上，再车外圆和端面（图中是以内孔为定位基准，而不是螺纹面），如图 8 - 7（d）所示，这样容易保证卡盘与主轴的同轴度。

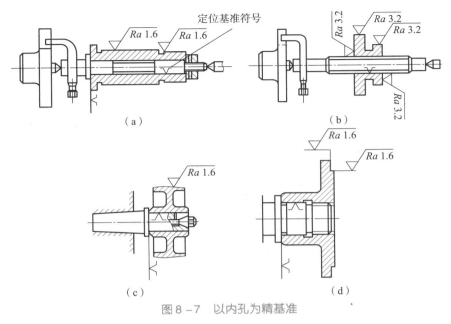

图 8 - 7 以内孔为精基准

以上介绍了精基准选择的几项原则，每项原则只能说明一个方面的问题，理想的情况是使基准既"重合"又"统一"，同时又能使定位稳定、可靠，操作方便，夹具结构简单。但实际运用中往往出现相互矛盾的情况，这就要求从技术和经济两方面进行综合分析，抓住主要矛盾，进行合理选择。

还应该指出，工件上的定位精基准，一般应是工件上具有较高精度要求的重要工作表面，但有时为了使基准统一或定位可靠、操作方便，人为地制造一种基准面，这些表面在零件的工件中并不起作用，仅仅在加工中起定位作用，如顶尖孔、工艺搭子等。这类基准称为辅助基准。

2）粗基准的选择原则

选择粗基准时，重点考虑如何保证各个加工面都能分配到合理的加工余量，保证加工面与不加工面的位置尺寸和位置精度，同时还要为后续工序提供可靠精基准。具体选择一般应遵循下列原则：

（1）为了保证工件各个加工面都能分配到足够的加工余量，应选加工余量最小的面为粗基准，如图 8 - 8 所示。

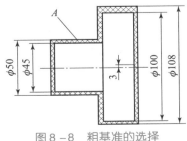

图 8 - 8 粗基准的选择

（2）为了保证工件上加工面与不加工面的相对位置误差最小，应选不加工面为粗基准。

如图 8 – 9 （a） 所示铸件以不加工的外圆面为粗基准，可以在一次安装后把绝大部分表面加工出来。当零件上有几个加工面时，应选与加工面的相对位置要求高的不加工面为粗基准。如图 8 – 9 （b） 所示，该工件有三个不加工表面，如果表面 4 与表面 2 所组成的壁厚要求均匀度比较高，则应选表面 2 为粗基准来加工台阶孔。

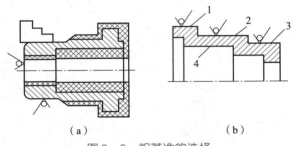

（a）   （b）

图 8 – 9 粗基准的选择

（a）选不加工表面为粗基准；（b）选与加工面相对位置要求较高的表面为粗基准

（3）为了保证工件上重要表面加工余量均匀，应选重要表面为粗基准。工件上有些重要工作表面，精度很高，为了达到加工精度要求，在粗加工时就应使其加工余量尽量均匀。

8.3 项目实施

在 CA6140 型车床上，进行如下操作训练。

一、训练要求

（1）时间：操作准备时间 0.5 h，实操时间 3 h。
（2）详细编写较合理的工件加工步骤。
（3）严格遵守安全文明生产条例。
（4）教学组织要求：指定每人使用一台车床，按照加工步骤进行操作。

二、工量具准备

1. 量具

25 ~ 50 mm 千分尺一把，0 ~ 150 mm 三用游标卡尺一把，0° ~ 320° 万能角度尺一把，M27 – 6g 螺纹环规一套，M33 × 2 – 6g 螺纹环规一套。

2. 刀具

45° 车刀一把，90° 粗、精车刀各一把，刀头宽度为 4 mm 的切槽刀一把。

3. 其他

ϕ3A 型中心钻和钻夹头，5# 活络顶尖。

三、训练内容

（1）根据图纸加工出符合图纸要求的零件（图8－10和图8－11）。

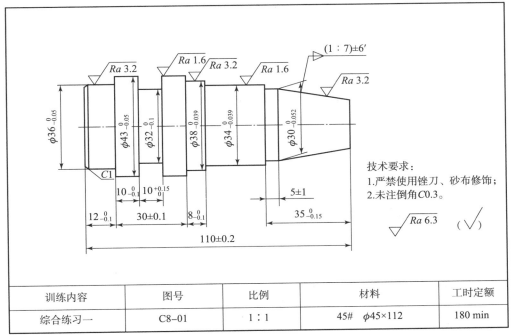

训练内容	图号	比例	材料	工时定额
综合练习一	C8–01	1：1	45#　φ45×112	180 min

图 8 – 10　综合练习一图纸

图 8 – 11　综合练习一效果图

（2）根据图纸加工出符合图纸要求的零件（图 8－12 和图 8－13）。

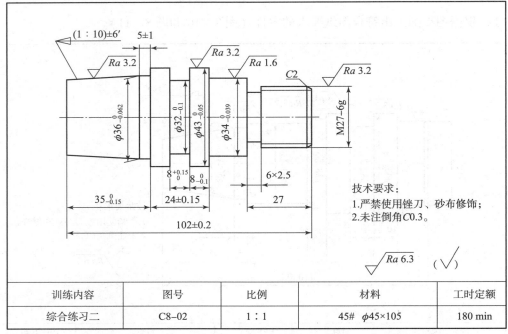

技术要求：
1. 严禁使用锉刀、砂布修饰；
2. 未注倒角C0.3。

训练内容	图号	比例	材料	工时定额
综合练习二	C8–02	1：1	45# φ45×105	180 min

图 8－12　综合练习二图纸

图 8－13　综合练习二效果图

（3）根据图纸加工出符合图纸要求的零件（图 8 – 14 和图 8 – 15）。

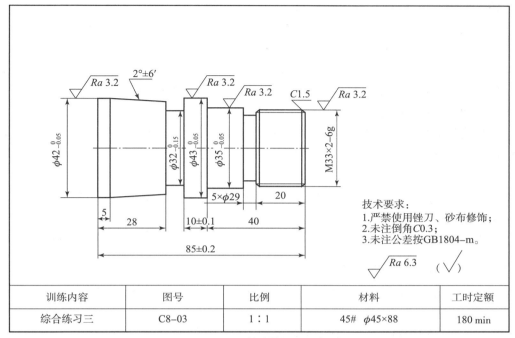

技术要求：
1.严禁使用锉刀、砂布修饰；
2.未注倒角C0.3；
3.未注公差按GB1804–m。

$\overline{\triangledown}$ Ra 6.3 （$\sqrt{}$）

训练内容	图号	比例	材料	工时定额
综合练习三	C8–03	1：1	45# ϕ45×88	180 min

图 8 – 14 综合练习三图纸

图 8 – 15 综合练习三效果图

四、操作步骤

根据图纸要求，编写加工工艺步骤。

1. 综合练习一加工工艺步骤

（1）夹住 ϕ45 mm 毛坯，伸出长度 70 mm 左右。

（2）平端面 1 mm 左右，打中心孔。

（3）调头，夹住 ϕ45 mm 毛坯，伸出长度 70 mm 左右。

（4）车工艺台阶 ϕ44 mm × 10 mm。

（5）采用一夹一顶方法，一头夹住工艺台阶 ϕ44 mm × 10 mm，另一头顶住。

（6）粗车 ϕ43 mm 外圆（留 0.5 ~ 1 mm 余量）至三爪附近。

（7）粗车 ϕ36 mm 外圆（留 0.5 ~ 1 mm 余量），长 11.5 mm。

（8）精车 ϕ43 $_{-0.05}^{0}$ mm 至三爪附近。

（9）精车 $\phi 36_{-0.05}^{0}$ mm 外圆至尺寸要求，长度为 $12_{-0.1}^{0}$ mm。

（10）切槽，保证槽的位置 $10_{-0.1}^{0}$ mm，槽底直径 $\phi 32_{-0.1}^{0}$ mm，槽宽 $10_{0}^{+0.15}$ mm。

（11）倒角 $C1$，去毛刺。

（12）调头，夹住 $\phi 43$ mm 外圆，车总长 110 mm ± 0.2 mm，打中心孔。

（13）夹住 $\phi 36$ mm 外圆，顶住另一端中心孔。

（14）粗车 $\phi 38$ mm 外圆（留 $0.5 \sim 1$ mm 余量），长度约 67 mm。

（15）粗车 $\phi 34$ mm 外圆（留 $0.5 \sim 1$ mm 余量），长度约 59 mm。

（16）粗车 $\phi 30$ mm 外圆（留 $0.5 \sim 1$ mm 余量），长度约 34 mm。

（17）精车 $\phi 38_{-0.039}^{0}$ mm 至尺寸要求，长度控制在 30 ± 0.1 mm。

（18）精车 $\phi 34_{-0.039}^{0}$ mm 至尺寸要求，长度控制在 $8_{-0.1}^{0}$ mm。

（19）精车 $\phi 30_{-0.052}^{0}$ mm 至尺寸要求，长度控制在 $35_{-0.15}^{0}$ mm。

（20）车锥体，保证锥度（$1:7$）$\pm 6'$、控制 5 mm ± 1 mm。

（21）去毛刺。

2. 综合练习二加工工艺步骤

（1）夹住 $\phi 45$ mm 毛坯，伸出长度 60 mm 左右。

（2）平端面 1 mm 左右，打中心孔。

（3）调头，夹住 $\phi 45$ mm 毛坯，伸出长度 60 mm 左右。

（4）车工艺台阶 $\phi 44$ mm $\times 10$ mm。

（5）采用一夹一顶方法，一头夹住工艺台阶 $\phi 44$ mm $\times 10$ mm，另一头顶住。

（6）粗车 $\phi 43$ mm 外圆（留 $0.5 \sim 1$ mm 余量）至三爪附近。

（7）粗车 $\phi 34$ mm 外圆（留 $0.5 \sim 1$ mm 余量），长 42.5 mm。

（8）粗车 $\phi 27$ mm 外圆，长 27 mm。

（9）精车 $\phi 43_{-0.05}^{0}$ mm 至尺寸要求，精车 $\phi 34_{-0.039}^{0} \times 43$ mm 至尺寸要求。

（10）切槽，保证槽的位置 $8_{-0.1}^{0}$ mm，槽底直径 $\phi 32_{-0.1}^{0}$ mm，槽宽 $8_{0}^{+0.15}$ mm。

（11）切槽 6 mm $\times 2.5$ mm。

（12）倒角 $C2$，去毛刺。

（13）精车螺纹外径，车 M27 $-6g$（环规检测）。

（14）调头，车总长 102 mm ± 0.2 mm，打中心孔。

（15）夹住 $\phi 34$ mm 外圆，顶住另一头。

（16）粗精车 $\phi 36_{-0.062}^{0}$ mm，保证 24 mm ± 0.15 mm，$35_{-0.15}^{0}$ mm 尺寸要求。

（17）车锥体，保证锥度（$1:10$）$\pm 6'$，保证 5 mm ± 1 mm 尺寸。

（18）去毛刺。

3. 综合练习三加工工艺步骤

（1）夹住 $\phi 45$ mm 毛坯，伸出长度 50 mm 左右。

（2）平端面 1 mm 左右，打中心孔。

（3）调头，夹住 $\phi 45$ mm 毛坯，伸出长度 50 mm 左右。

（4）车工艺台阶 $\phi 44$ mm $\times 10$ mm。

（5）采用一夹一顶方法，一头夹住工艺台阶 $\phi44$ mm×10 mm，另一头顶住。

（6）粗车 $\phi43$ mm 外圆（留 0.5～1 mm 余量）至三爪附近。

（7）粗车 $\phi35$ mm 外圆（留 0.5～1 mm 余量），长 39.5 mm。

（8）粗车 $\phi33$ mm 外圆，长 25 mm。

（9）精车 $\phi43_{-0.05}^{\ 0}$ mm 至尺寸要求，精车 $\phi35_{-0.05}^{\ 0}$×40 mm 至尺寸要求。

（10）切槽 5×$\phi29$ mm。

（11）倒角 C1.5，去毛刺。

（12）车螺纹 M33×2-6g（环规检测）。

（13）调头，车总长 85 mm±0.2 mm，打中心孔。

（14）夹住 $\phi35$ mm 外圆。

（15）粗精车 $\phi42_{-0.05}^{\ 0}$ mm 至尺寸要求，长度为 34.5 mm。

（16）切槽，保证 $\phi32_{-0.15}^{\ 0}$ mm，10 mm±0.1 mm，28 mm 等尺寸要求。

（17）车锥度，保证 2°±6′、5 mm 尺寸要求。

（18）去毛刺。

二维码 8-1

综合练习一操作视频

二维码 8-2

综合练习二操作视频

二维码 8-3

综合练习三操作视频

8.4　项目总结

一、考核标准

（1）综合练习一考核标准如表 8-1 所示。

表 8-1　综合练习一考核标准

序号	项目	技术要求	配分	评分标准	实测结果	扣分	得分
1		$\phi43_{-0.05}^{\ 0}$/$\sqrt{Ra\,1.6}$	8/2	每超差 0.01 扣 1 分，降 1 级扣 1 分			
2		$\phi38_{-0.039}^{\ 0}$/$\sqrt{Ra\,3.2}$	8/1	每超差 0.01 扣 1 分，降 1 级扣 1 分			
3	外圆	$\phi34_{-0.039}^{\ 0}$ mm/$\sqrt{Ra\,1.6}$	8/2	每超差 0.01 扣 1 分，降 1 级扣 1 分			
4		$\phi36_{-0.05}^{\ 0}$ mm/$\sqrt{Ra\,3.2}$	8/1	每超差 0.01 扣 1 分，降 1 级扣 1 分			
5		$\phi30_{-0.052}^{\ 0}$ mm/$\sqrt{Ra\,3.2}$	8/1	超差无分，降 1 级扣 1 分			

序号	项目	技术要求	配分	评分标准	实测结果	扣分	得分
6	锥度	$(1:7) \pm 6' / \sqrt{}^{Ra\,3.2}$	8/1	超差无分，降1级扣1分			
7	沟槽	$\phi 32_{-0.1}^{0} / \sqrt{}^{Ra\,6.3}$	5/1	超差无分，降1级扣1分			
8		$10_{0}^{+0.15}$/两侧$\sqrt{}^{Ra\,6.3}$	4/1	超差无分，降1级扣1分			
9	长度	110 ± 0.2	3	超差无分			
10		$35_{-0.15}^{0}$	3	超差无分			
11		30 ± 0.1	3	超差无分			
12		$12_{-0.1}^{0}$	3	超差无分			
13		$10_{-0.1}^{0}$	3	超差无分			
14		$8_{-0.1}^{0}$	3	超差无分			
15		5 ± 1	2	超差无分			
16	其他	倒角 $C1$	1	超差无分			
17		去毛刺：7 处	7	每处不符扣1分			
18		安全文明生产	15	按有关安全文明要求酌情扣1~15分，严重者取消考试资格			
名称		圆锥轴	开始时间		总得分		
鉴定等级		初级	结束时间				

（2）综合练习二考核标准如表8-2所示。

表8-2　综合练习二考核标准

序号	项目	技术要求	配分	评分标准	实测结果	扣分	得分
1	外圆	$\phi 43_{-0.05}^{0} / \sqrt{}^{Ra\,3.2}$	8/1	每超差0.01扣1分，降1级扣1分			
2		$\phi 36_{-0.062}^{0} / \sqrt{}^{Ra\,6.3}$	8/1	每超差0.01扣1分，降1级扣1分			
3		$\phi 34_{-0.039}^{0} / \sqrt{}^{Ra\,1.6}$	8/2	每超差0.01扣1分，降1级扣1分			
4		$\phi 27_{-0.423}^{-0.048}$	2	超差无分			
5	螺纹	M27 - 6g　中径	10	酌情扣分			
6		牙侧$\sqrt{}^{Ra\,3.2}$	6	每降一级扣2分			
7	锥度	$(1:10) \pm 6' / \sqrt{}^{Ra\,3.2}$	7/1	每超差2'扣1分			
8	沟槽	$\phi 32_{-0.1}^{0} / \sqrt{}^{Ra\,6.3}$	5/1	超差无分，降1级扣1分			
9		$8_{0}^{+0.15}$/两侧$\sqrt{}^{Ra\,6.3}$	4/1	超差无分，降1级扣1分			
10		6×2.5	2	超差无分			

序号	项目	技术要求	配分	评分标准	实测结果	扣分	得分
11		102 ± 0.2	2	超差无分			
12		$35 _{-0.15}^{0}$	3	超差无分			
13	长度	24 ± 0.15	5	超差无分			
14		$8 _{-0.1}^{0}$	3	超差无分			
15		5 ± 1	2	超差无分			
16		未注公差尺寸：27	2	超差无分			
17		倒角：$C2$	2	超差无分			
18	其他	去毛刺：6 处	6	每处不符扣 1 分			
19		安全文明生产	15	按有关安全文明要求酌情扣 1 ~ 15 分，严重者取消考试资格			
名称		螺纹轴	开始时间			总得分	
鉴定等级		初级	结束时间				

（3）综合练习三考核标准如表 8 - 3 所示。

表 8 - 3 综合练习三考核标准

序号	项目	技术要求	配分	评分标准	实测结果	扣分	得分
1		$\phi 43 _{-0.05}^{0} / \sqrt{} Ra 3.2$	7/1	每超差 0.01 扣 1 分，降 1 级扣 1 分			
2	外圆	$\phi 42 _{-0.05}^{0} / \sqrt{} Ra 3.2$	7/1	每超差 0.01 扣 1 分，降 1 级扣 1 分			
3		$\phi 35 _{-0.05}^{0} / \sqrt{} Ra 3.2$	7/1	每超差 0.01 扣 1 分，降 1 级扣 1 分			
4		$\phi 33 _{-0.423}^{-0.048}$	4	超差无分			
5	螺纹	M33 × 2 - 6g 中径	12	环规检测、酌情扣分			
6		牙侧 $\sqrt{} Ra 3.2$	6	每降一级扣 2 分			
7		85 ± 0.2	4	超差无分			
8		10 ± 0.1	5	超差无分			
9	长度	40	3	超差无分			
10		28	3	超差无分			
11		20	3	超差无分			
12	槽	$5 \times \phi 29 / \sqrt{} Ra 6.3$	3/1	超差无分，降 1 级扣 1 分			
13		$\phi 32 _{-0.15}^{0} / \sqrt{} Ra 6.3$	4/1	超差无分，降 1 级扣 1 分			
14	锥度	$2° \pm 6' / \sqrt{} Ra 3.2$	7/1	每超差 2′ 扣 1 分，降 1 级扣 1 分			
15		5	3	超差无分			
16		倒角 $C1.5$	2	每处不符扣 1 分			
17	其他	去毛刺：5 处	5	每处不符扣 1 分			
18		安全文明生产	15	按有关安全文明要求酌情扣 1 ~ 15 分，严重者取消考试资格			
名称		螺纹阶轴	开始时间			总得分	
鉴定等级		初级	结束时间				

二、注意事项

（1）按照评分标准先自评、互评，再教师检查。

（2）教师将学生的平时训练成绩与这次测试成绩进行综合评分。

（3）学生填写实习总结。

8.5 拓展案例

一、定位基本原理

1. 六点定位规则

工件在夹具中定位的目的，是要使同一工序中的所有工件，加工时按加工要求在夹具中占有一致的正确位置（不考虑定位误差的影响）。怎样才能使各个工件按加工要求在夹具中保持一致的正确位置呢？要弄清楚这个问题，我们先来讨论与定位相反的问题，工件放置在夹具中的位置可能有哪些变化？如果消除了这些可能的位置变化，那么工件也就定了位。

任一工件在夹具中未定位时可以被看成空间直角坐标系中的自由物体，它可以被放在沿三个坐标轴平行方向任意位置，即具有沿三个坐标轴移动的自由度 $\vec{x}$、$\vec{y}$、$\vec{z}$；同样，工件沿三个坐标轴转角方向的位置也是可以任意放置的，即具有绕三个坐标轴转动的自由度 $\widehat{x}$、$\widehat{y}$、$\widehat{z}$。因此，要使工件在夹具中占有一致的正确位置，就必须限制工件的 $\vec{x}$、$\vec{y}$、$\vec{z}$，$\widehat{x}$、$\widehat{y}$、$\widehat{z}$ 6 个自由度（图 8-16）。

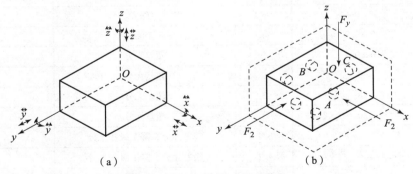

图 8-16 工件的 6 个自由度

为了限制工件的自由度，在夹具中通常用一个支承点限制工件一个自由度，这样用合理布置的 6 个支承点限制工件的 6 个自由度，使工件的位置完全确定，称为"六点定位规则"，简称"六点定则"。

2. 完全定位

工件的定位都采用了 6 个支承点，限制了工件全部 6 个自由度，使工件在夹具中占有唯一确定的位置，称为完全定位。

使用六点定则时，6 个支承点的分布必须合理，否则不能有效地限制工件的 6 个自由度。

例如长方体的定位以 6 个支承钉代替 6 个支承点（图 8 - 17），这种形式的六点定位方案比较明显，A 面有三个支承点，B 面有两个支承点，C 面有一个支承点。

3. 不完全定位（部分定位）

根据加工要求，工件不需要限制的自由度而没有限制的定位，称为不完全定位。不完全定位在加工中是被允许的（图 8 - 18）。在考虑定位方案时，为简化夹具结构，对无须限制的自由度，一般不设置定位支承点。

4. 欠定位

根据工件的加工技术要求，应该限制的自由度而没有限制的定位称为欠定位。欠定位不能保证本工序的加工技术要求，是不被允许的。用一夹一顶装夹方式车削台阶轴时（图 8 - 19），若在卡盘一端对工件没有进行轴向定位的话，则台阶轴在 x 轴方向的位置就不能确定，因此很难保证台阶长度。

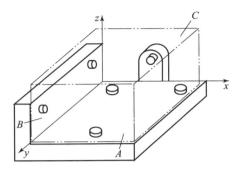

图 8 - 17　工件的完全定位

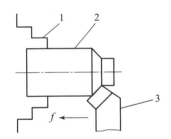

1—卡盘；2—工件；3—车刀。

图 8 - 18　工件的不完全定位

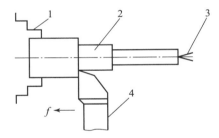

1—卡盘；2—工件；3—后顶尖；4—车刀。

图 8 - 19　工件的欠定位

5. 过定位（重复定位）

工件的同一自由度被两个以上不同定位元件重复限制的定位，称为过定位或重复定位。

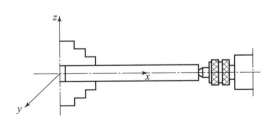

图 8 - 20　工件的过定位

如图 8 - 20 所示，采用一夹一顶装夹工件，当卡盘夹持部分较长时，相当于 4 个定位支承点，限制了 $\vec{y}$、$\vec{z}$、$\hat{y}$、$\hat{z}$ 4 个自由度。后顶尖因能沿 x 轴方向移动，故而仅限制了 $\vec{y}$、$\vec{z}$ 两个自由度。对于 $\vec{y}$、$\vec{z}$ 来说相当于各有两个定位支承点来限制，是过定位或重复定位。

综上所述，欠定位不能保证工件的加工要求，是不被允许的。过定位在一般情况下，由于定位不稳定，在夹紧力的作用下会使工件或定位元件产生变形，影响加工精度和工件的装卸，应尽量避免；但在有些情况下，只要重复限制自由度的支承点不使工件的装夹发生干涉及冲突，这种形式上的过定位不仅是可取的，而且有利于提高工件加工时的刚性，在生产实际中也有较多的应用。

二、拓展训练内容

在 CA6140　400×1000 型号车床上，进行如下操作训练。

（1）按图 8-21 加工零件。

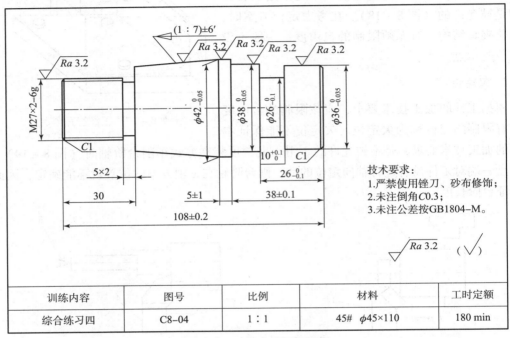

训练内容	图号	比例	材料	工时定额
综合练习四	C8-04	1：1	45# ϕ45×110	180 min

图 8-21　综合练习四图纸

（2）自己编写合理的加工步骤。

（3）考核标准（自己拟定）。

三、拓展练习

（1）工件六点定位规则是什么？

（2）什么是粗基准和精基准？举例说明如何选择。

（3）如何制定零件的加工工艺步骤？